樹齢千年の生命力

「森の香り精油」の奇跡

医学博士・
こじま医院院長
小島基宏 監修

長寿食・予防医学指導家
実践脳科学提唱者
松井和義 著

200歳長寿の
新常識！

コスモ21

カバーデザイン◆中村　聡
本文イラスト◆石崎未紀（キャッツイヤー）

樹齢千年の生命力「森の香り精油」の奇跡——目次

プロローグ　日本固有の樹木から奇跡の精油が誕生！　10

1章　最強のフィトンチッドパワー&アロマテラピーパワー

(一)フィトンチッドパワーの秘密
(1)「森の香り精油」の誕生　24
☆森林の不思議なパワー　24
☆「森の香り精油」との出会い　26
☆フィトンチッドパワーを取り込む　30
☆室内を香り成分で満たすことに成功　32
(2)フィトンチッドの正体　34
☆フィトンチッドの由来　34
☆木の部位によって精油のフィトンチッドパワーは異なる　36

☆森林浴の秘密もフィトンチッドパワーにある　37
1　殺菌・抗菌作用　38
2　有益菌保護作用　39
3　消臭作用　39
(二)アロマテラピーパワーの秘密
☆アロマテラピーの由来　43
☆精油の作用と伝達経路　44

2章　国有林の天然木の精油に含まれる原始ソマチッドの秘密

(一)樹齢の長い天然木ほど生命力がすごい
☆針葉樹の精油の不思議　48
☆集中力を高め学習に最適な空間をつくる　49
☆フィルドサイエンス社が開発した「植物性除菌型消臭液ＰＣＫ」　52
【コラム】すぐれた除菌能力は大学などの検査機関でも確認されている　54
☆国有林と民有林の樹木がもつ生命力には格段の差がある　60
(二)樹齢千年の巨木から原始ソマチッドを発見

☆精油の原液に数億年前の原始ソマチッドを発見 65
☆MORI AIRの秘密 70
☆超極小生命体ソマチッドの正体 74
☆シュバイツアー博士もソマチッドの存在に気づいていた 76
☆ソマチッドは遺伝子情報をもっている 77
☆NASAがもっとも深くソマチッド研究を行なっている! 80
☆生命力の源はソマチッドにあった 81
☆木曾ヒノキには世界一大量に原始ソマチッドが含まれている 84
☆丹田呼吸でもソマチッドが活性化! 86
☆ソマチッドを発見したガストン・ネサンの免疫強化剤「714X」 88

3章

森の香り精油との出会いで身体が変わった

☆風邪やインフルエンザを治す医薬品は存在しない 94
☆免疫力アップで身体が劇的変化! 97
☆手づくり酵素を開発した「十勝均整社」のソマチッドレポート 115
☆「大地の精パウダー」とは 130

☆「原始ソマチッドダンス」 132
1 大地の精パウダーを水に溶かし、水素水生成器で水素化したとき 134
2 気のエネルギー(宇宙エネルギー)が原始ソマチッドに作用したとき 137
3 天然微量放射線ホルミシスの刺激を受けたとき 141
【コラム】 原始ソマチッドダンス水でパワーアップ!! 143

4章 日常生活用品に含まれる化学物質が皮膚を通して体内に蓄積!

☆経皮毒による免疫力低下がアトピー性疾患を招く 146
☆合成界面活性剤が二重の皮膚防御システムを破壊 148
☆赤血球を瞬時に破壊する化学物質の恐ろしさ 152
☆ステロイド治療の危険性 159
☆100%自然素材のパワーを検証 161
☆根本から改善する方法 169
1 木曾ヒノキ水を1000倍に希釈した風呂に入浴する 169
2 森の香り精油でアトピーのアレルゲンを無害化する 172
3 オメガ3オイルで炎症に強い皮膚細胞膜をつくる 173

4　腸内環境を改善する　174
5　運動をし、汗をかき、ストレスを解消する　175
6　アトピー症状が重い場合の対策　176

5章　森の香り精油の徹底活用法

(1) 消臭・除菌スプレー　192
(2) ボックス用消臭・除菌コンパクトゲル　194
(3) シャンプー&ボディーソープ「ヒノカシャンプー」　197
(4) 粉末濃縮タイプ除菌型洗浄剤「ジョキンメイト」　201
(5) 木曽ヒノキ水のお風呂　202
(6) お口のケアに最適　208
(7) 無農薬農業用成長促進・土壌改良・植物散布液「PGS－1000」　213
☆自家消費野菜を別に栽培する農家　213
☆世界中で起きたミツバチの大量死　215
☆日本はダントツの農薬使用大国　217
☆森の香り精油の活用で完全無農薬のりんごが育った！　220

☆完全無農薬りんごで実験 222
☆PGS-1000を使って自家栽培をしてみよう 227
☆私のPGS-1000を使った栽培体験 228
(8)森の香り精油を希釈してスプレーに利用 234

6章

ソマチッドが大活性化し200歳長寿への扉を開く！

☆ソマチッドが多い人の共通点 238
1 赤ちゃんはソマチッドが超大量に存在し、大活躍しているモデル!! 238
2 宇宙意識、無条件の愛、強靭的信念の持ち主 240
☆人体は3種類の生命体によって構成されている 241
1 人体細胞 241
2 ミトコンドリア 242
3 腸内細菌 244
☆腸内腐敗がもたらした現代病(奇病) 251
☆うつ病は悪玉菌がもたらした疾患 255
1 セロトニン不足 256

2　腸内細菌が人の心にダイレクトに影響を与えている　261
☆悪玉菌が作る毒素が「自閉症」の原因　262
☆腸内腐敗による「腸脳」の休眠と精神力低下　264
☆森の香り精油は原始ソマチッドの宝庫　266
☆森の香り精油生活法のすすめ　268

エピローグ　276

監修者の言葉　279

プロローグ　日本固有の樹木から奇跡の精油が誕生！

あなたはご存知ですか？　ヒノキ（檜）やスギ（杉）ばかりの深い針葉樹の森の中ではイタチやカエル、ヘビなどの動物が死んでいても、その死骸が腐らないことを。ところが、落葉樹の森や草むら、畑では腐敗してしまいます。

それだけではありません。針葉樹の森の中では、こんなことも起こります。

・蚊も虫もいません。
・虫をエサとする小鳥がいないため、シーンと静まり返っています。
・悪臭がまったくなく、さわやかな良い香りに満たされています。
・森の中にいると頭がスッキリしてきますし、夜はぐっすり眠れます。
・頭脳が冴え、記憶力が良くなり、インスピレーションが湧きます。
・疲労気味でも森林の中に入ると吹っ飛んでしまい、心身がスッキリしてきます。
・免疫力がグーンと高まります。

なぜ、森の中に入るとこんなことが起こるのでしょうか。そのいちばんの理由は、日本にしかないヒノキやスギ、青森ヒバなどの針葉樹が「揮発性芳香物質」を強く発散しているからです。

ところが、世界一の森林大国に暮らしながら、現代の日本人はほとんどこのことを知りません。経済発展にともない都市化が進み、ヒノキやスギなどの針葉樹の森から遠く離れて暮らす人々が圧倒的に多くなったことも関係しているのでしょう。

一方、現代の米国では、経済的に豊かな人ほど森林の恵みを享受する傾向が強くなっています。その典型がニューヨークのマンハッタンから数10キロ北部にあるウエストチェスター郡（ニューヨーク州）の森林です。

米国の歴史を見ると、開拓時に森林の9割が切り倒され、農地になったといわれますが、ウエストチェスター郡一帯の森林はすべて残っています。今、そこにあえて都会を離れて邸宅を構える大富豪や上流階級の人たちが多くなっています。

米国には、数百万人ともいわれる上流階級やインテリ層がいます。彼らが社会的に優位な立場にあるのはもちろんですが、高齢になっても健康で元気に過ごしている人の割合が圧倒的に高いのです。たとえばガンや心筋梗塞、脳梗塞、糖尿病などの生活習慣病の発症率がきわめて低く、100歳で現役という人も多いのです。

そんな彼らがとても大事にしているのが森林の恵みです。健康長寿にいいことを知っているからです。

たとえば米国最大の財閥の総師デヴィッド・ロックフェラーは、２０１７年に１０３歳で亡くなりましたが、森林の中に居を構え、直前まで現役で仕事をこなしていたといわれます。ロックフェラーグループが保有する財産は６０００兆円ともいわれ、莫大なものです。


私は、友人の誘いがあって、この地域に10日間ほど滞在したことがあります。なかでもウエストチェスター郡の南部には閑静な高級住宅地が点在し、世界的な大企業群の世界本社も数多くあります。日本では考えられないファンタスティックな世界が広がっていて、まるで別の星に来たような気分になります。

道路を走っていると視界に飛び込んでくるのは森ばかりです。写真1は、高速道路ではありません。一般の道路です。この道路の脇へ入ると、上流階級の家や大富豪の屋敷（写真2）が数多くありますが、どれも森林の中にあります。

ロックフェラーグループのペプシコーラの世界本社（写真３）もここにあります。高層ビルをイメージするかもしれませんが、３階建てのため遠方からは森林しか見えません。そ

写真1／高速道路のような一般道路

写真2／森の中に建てられた大富豪の屋敷

写真3／周囲の景色に溶け込むかのようなペプシコーラ世界本社

写真4／ペプシコーラの敷地内にあるオブジェ

の敷地には広大な庭園や、湖のような大池があり、あちこちに何百個もの芸術作品のオブジェが配置されています（写真4）。

ロックフェラー家第三代当主であるデヴィッド・ロックフェラーの住居は、日本から輸入して建てた総檜造りの大邸宅です。

このエリアの一画には、私の友人の娘さんが通うニューヨーク州立大学芸術学部（写真5）もあります。美術館（写真6）も併設され、勉学や創作活動に思いっきり打ち込める素晴らしい環境が整っていました。当時、私の娘が学んでいた東京芸術大学とでは雲泥の差です。

もちろん日本でも、長野県の八ヶ岳や戸隠などの森林に住居やアトリエを置き、芸術や音楽の創作活動をしている著名な芸術家や音楽家は少なからずいます。しかし、米国では、芸術家だけでなく、上流階級やインテリ層まで森林の中で暮らしているのです。

森林の中にある世界的大企業群の本社では、もっとも重要な経営戦略が立てられています。

このように、世界の最先端を行く人々や企業が選んだ最高の環境は、世界一の都会ニューヨーク・マンハッタンではなく、森林の中だったのです。なぜ、彼らは都心ではなく、森

写真５／自然に囲まれたニューヨーク州立大学芸術学部

写真６／ニューヨーク州立大学に併設されている美術館

閑とした森林の中を選ぶのでしょうか。

森林の中は、樹木の葉や枝の隙間から差し込むやさしい光にあふれています。樹木から揮発する香りや新鮮な酸素、マイナスイオンもいっぱいです。また、緑の木々を吹き抜けてくるそよ風や小鳥のさえずりが身も心もリフレッシュしてくれますし、全身の細胞が活性化し、頭脳も冴えわたってきます。

ですから、**森林の中で生活していると、健康長寿にプラスになりますし、クリエイティブな発想も湧いてくる**のだと思います。

日本の歴史を振り返ってみましょう。

森の中で暮らした人には健康長寿が多いことに気づかされます。たとえば、江戸時代初期に徳川家康、秀忠、家光の3代にわたって将軍に仕えた天海和尚《てんかいおしょう》は108歳で亡くなる直前まで現役でした。

和尚が生涯を過ごした仏閣にはヒノキやスギの巨木が多かったでしょう。天海和尚に限らず、樹齢が何百年にもなるヒノキやスギの巨木に囲まれた神社や仏閣で暮らす宮司や僧侶は、昔も今も長寿の方が多いのです。

昔から、神社や仏閣は森林の中に建てられることが多かったのですが、それは樹齢が長い樹木ほど生命力が溢れているからです。

とくに山の尾根伝いは「癒し地」とも呼ばれて、大地のエネルギーが一層強い場所です。そこに生育する樹木は、そのエネルギーをいっぱい吸収して育つため、樹齢数百年の巨木も珍しくありません。

一方、「穢れ地」とも呼ばれる谷や低地は大地のエネルギーが乏しいため、そこで生育する樹木の寿命は100年前後と短いのです。神社、仏閣が尾根伝いに建てられたのも頷けます。

大地のエネルギーをできるだけたくさん吸収し、生命力が強い樹木のエネルギーを受け

て生活すると、健康になる。これが森林の中で生活すると健康長寿になるいちばんの理由です。

私が子どものころ、よくこんな話を大人から聞かされました。「屋敷を取り囲む大木を切り倒すと、その家人が病気で亡くなる」。私の祖母も、家の建て替えの際、裏庭の長寿の木を切った後、急に亡くなってしまいました。

その昔、深山幽谷で生命力の強い樹木のエネルギーを受けながら修行に励んだ人たちがいます。彼らは「仙人」と呼ばれました。中国や日本には何百歳も生き、空中飛行までする仙人がいたとも言い伝えられています。

たとえば、奈良時代の山岳修行者で吉野の金峰山、大峰山を開いた役小角《えんのおづぬ》は日本の修験道の開祖で、役行者《えんのぎょうじゃ》とも呼ばれました。空中飛行だけでなく、さまざまな超能力も持っていたといわれます。とても健康で長生きしたため、神変大菩薩《じんぺんだいぼさつ》とも呼ばれました。

仙人たちが長生きだった理由は修行で身心を鍛えていたこともありますが、森林の中でより生命力が強い樹木のエネルギーを受けて生活していたことも大きかったと思われます。

私の長年にわたる研究では、**数百年から千年以上と樹齢の長いヒノキやスギ、マツ（松）**

などの針葉樹の巨木は格段に生命力が強いのです。

私たちは、科学技術の進歩で便利な生活環境を手に入れ、医療が発達した社会で生活していますが、身心の不調を訴える人々は増える一方です。それにはさまざまなことが関係しているでしょうが、森林を離れて樹木のエネルギーから遠ざかってしまったことの影響も大きいのだと思われます。


私たち日本人は、歴史上長く森林の恩恵を受けてきました。木材で日用品や住居を作る、燃料にする、木の実や茸などの食材を得る、落葉を肥料にするなど、森林は暮らしに大きな役割を果たしてきました。

近年は、日本で生まれた森林浴のように、樹木に接することで心身の癒し効果が得られることが世界的に注目されています。

私も、子ども時代から森林の中を駆け巡り、樹木のエネルギーにたっぷり触れながら育ちました。そして、この樹木のエネルギーについて研究を続けるようになりました。その正体がわかれば、森林を離れ、都市化された生活環境の中で暮らす現代人の心身の健康にも役立つと考えたからです。

たどり着いたのは、**樹木のエネルギーの正体は生命力があふれる樹木の香り成分（精油）にある**ということです。さらに、そこに含まれる揮発性芳香物質を研究していくと、針葉樹に多く含まれること、樹齢年数が多く生命力が強いほど豊富に含まれていること、樹齢が千年以上もある日本固有のヒノキやヒバなどには最高の揮発性芳香物質が含まれていることがわかってきたのです。本書では、その精油を「**森の香り精油**」と呼んでいます。

その特性は「**フィトンチッドパワー**」と「**アロマテラピーパワー**」と「**原始ソマチッドパワー**」の三つで説明することができます。しかも、この三つのパワーの相乗作用でもっとも注目すべきなのが免疫力アップと生命力アップです。

なお、原始ソマチッドパワーについては、はじめて聞かれる方もいるかもしれませんが、ソマチッドについては拙著『常識が変わる　２００歳長寿！　若返り食生活法』ですでに述べています。一言で言えば、ソマチッドは超極小生命体で、生命の根源的な存在です。

森の香り精油にはこのソマチッドが存在し、それが古代のソマチッドであると紹介しましたが、その後の研究で、数億年前のソマチッドであることが判明したのです。それは、まさしく超古代のソマチッドであるため、本書では「原始ソマチッド」として扱っています。

この原始ソマチッドは、ソマチッドの特性である免疫力アップ、生命力アップの働きが飛び抜けて高いのです。くわしくは本文中で紹介します。

じつは本書の最終原稿執筆中、94歳の父に奇跡が生じました。92歳までは、現役で車を運転し、田畑の農業を営み、田舎で一人暮らしをしていました。その父が、深い田んぼにはまり込んで膝を痛め、思うように歩けなくなりました。

その後、老人ホームに入り、介護状態になりました。入居2年後、ついに老衰で食事もとれなくなり、寝たきりの完全介護状態となってしまいました。しかし、幸い、点滴をすることはなく、私が作った手づくり酵素のみで必要な栄養は摂取できていました。

その後、認知症が進み、血圧は80を切り、意識がもうろうとして、私や家族の顔を見ても認識できないレベルに。担当医からは、もう長くはないですよと言われました。

私は「森の香り精油」を噴霧する装置を開発していますが、数年間は父の寝室に置いて、夜の就寝中の8時間のみ噴霧していました。おかげで、父は風邪一つ引きませんでした。

今回は、24時間噴霧するようにセットしました。すると、父に驚くような変化が起こってきたのです。

まず認識度が日に日に回復しはじめ、家族や介護職員、担当医師を認知できるようになったのです。さらに、会話も少しずつできるようになりました。皆、「奇跡だ！」と驚いています。まさに、「森の香り精油」に内包された樹齢千年の生命力がもたらした奇跡だと確信しました。

なぜ、そのような現象が生じるのか、本書でその秘密を明らかにしていきます。

1章

最強のフィトンチッドパワー&アロマテラピーパワー

㈠フィトンチッドパワーの秘密

(1)「森の香り精油」の誕生

☆森林の不思議なパワー

私は田舎育ちで、学校が休みになると、春から初秋までは里山の小川で魚釣りに明け暮れ、秋は森林の中でアケビやクリ（栗）、マツタケ（松茸）、山のキノコなどを採って過ごしました。冬場になると、メジロやヤマガラなどの野鳥を追いかけて森の中を駆け巡っていたものです。今から思えば、小中学生時代は勉強のことなどほとんど忘れて、自然児のような生活をしていました。

ところが成人してからは、田舎にたまに帰ることはあっても、森林の中に入ることはほとんどありませんでした。それが40代中頃になって能力開発の研究に専念するようになり、そのことがきっかけで、再び森の中に入る機会が巡ってきました。ヒノキやスギ、ナラ、ブナなどの樹木が生い茂る森林の中で、私が開発したミミテック（音読学習器）を使って小川のせせらぎやウグイスのさえずりなどの自然音を録音することになったのです。

久しぶりに、木漏れ日を浴び、緑に包まれていると、子ども時代に体験した感覚がすっと蘇ってきました。身も心も癒され、清々しく爽やかな気持ちで満たされました。何より森林の香りが胸いっぱいに沁みてきました。

それからは、森林の中で瞑想をしたり、読書をしたりすることが多くなりました。日常の喧騒を忘れてリラックスすることができ、集中力が高まり、次々とひらめきも湧いてきます。何より樹木のエネルギーが私の気のエネルギーを刺激して活力が高まるのを実感でき、頭脳も冴えわたってきました。

子ども時代に私が感じていたのは、これだと直感しました。森林がもっているこの不思議なパワーを、家庭でも享受できないだろうか。それが、それからの私の製品開発のテーマになりました。その結果、平成11年に開発したのが『ミミテック脳内エナジーサウンド

CD』と、空気清爽器『森林倶楽部イオンEX』です。

『ミミテック脳内エナジーサウンドCD』は、森のパワーの一つとして森の音を収録したものです。「谷間のうぐいす」、「早朝のせせらぎ」、「沢とひぐらし」など、森の中で聞こえてくるさまざまな音が収録されています。完成までに3年間の年月を要しました。

☆「森の香り精油」との出会い

私は26歳のとき、突然花粉症を発症しました。それ以来、毎年春先になると苦しい日々を過ごすことに。私が全国で学習指導していた子どもたちにも花粉症だけでなく、アトピーや喘息で苦しんでいる子が多かったのです。

その対策としてまず考えたのは、空気清浄機で室内に浮遊する花粉、ダニのフンと死骸、カビの胞子、ハウスダスト（チリやホコリ）といったアレルギーの原因となるアレルゲンを吸収して除去することです。そのために、モーターファン式の空気清浄機を自宅と職場に設置しました。

次に取り組んだのが、コロナ式放電でマイナスイオンを室内空間に飛ばし、電子の力でアレルゲンを集めて除去する電子式空気清浄機でした。どちらも一定の改善効果はあったものの、決定的な効果はありませんでした。アレルゲンを吸収するまでに時間がかかりすぎる、空間に浮遊していない重いアレルゲンを吸収できない、カビやダニなどの繁殖を抑制することができないといった問題があることがわかってきたのです。

結局、空気清浄機だけでは難しい、他にもっと良い方法がないだろうかと考えはじめた頃、北九州市にお住まいの濱野満子さんに出会い、「森の香り精油」の存在を知りました。

濱野満子さん（左）と著者

このとき、私の脳裏に蘇ってきたのは子ども時代の記憶です。ヒノキやスギなどの針葉樹林の中では、鳥やイタチ、ネズミなど動物の死骸が腐敗せず、腐敗臭がないのです。針葉樹林の外では腐るのに、なぜ針葉樹林の中では腐敗しないのか、子ども心にとても不思議でなりませんでした。

その答えは、針葉樹林の樹木がもっている揮発性芳香物質（精油）にありました。これは、樹木自身が自分を守るために腐敗菌や病原菌、カビ菌などの有害菌を殺し、害虫をも寄せ付けない働きをもっているからだとわかりました。長年の疑問が晴れるとともに、この精油がもつ大きな可能性を直感したことを覚えています。

濱野満子さんは、当時すでに十数年かけて樹木の精油について研究し、「森の香り精油」を業務用として開発。北九州市でフイルドサイエンス社という会社を立ち上げて、社長として普及に努めていました。

もともと濱野さんは製材を営む木材会社に嫁いでいましたが、火傷を負った5歳の次女を医療ミスで亡くしていました。そのことがきっかけで、石油から作る化学合成物質の医薬品はいけないと確信し、100%自然物質である樹木の精油（樹木に含まれる揮発性芳香物質）について、その基礎研究を1983年よりスタートされました。

それから4年後の1987年、フイルドサイエンス社を立ち上げて本格的に精油成分の抽出をはじめたのです。使用する材料は全国各地の国有林や北海道の道有林から切り出された針葉樹の間伐材や枝打ち材です。それらの芯、幹、枝、皮、葉などから精油成分の抽出をはじめたのです。

集めた樹木の種類は、35種類にも及びます。なかでもメインになる木曾ヒノキや青森ヒバの巨木は日本の高山の国有林にしかない、たいへん貴重なものを使っています。とくに木曽ヒノキは、伊勢神宮建て替えの式年遷宮で使われる樹齢400年から1000年の樹木の間伐や枝打ち材を使用しています。

それらから100％水蒸気蒸留で精油を抽出しますが、そこで得られる精油は、民間の植樹による樹木の精油と比べると、濃さがきわめて高く、生命力があふれています。ただし、得られる精油の量はきわめてわずかです。たとえば、1トンのヒバ材からはわずか20㎖しか抽出できません。精油成分の一つヒノキオチール（殺菌作用や抗菌作用、消炎作用などがある）の場合は1㎖しか抽出できません。

こうして得られる精油は、樹木によって微妙に異なっています。そこで複数の樹木の精油をブレンドしてみると、さらに高い生命力のある精油を得られることもわかってきました。その結果、誕生したのが「森の香り精油PCK」です。

さらに、県や国の公的支援も受けながら、全国十数カ所の公的分析機関や大学の研究室でこの精油の分析試験が重ねられました。明らかになったのは、殺菌作用、消臭作用、防カビ作用、防虫作用、植物成長促進作用、精神安定作用などがとくに優れていることでした。

今は、その特性を生かして、全国の県立病院、市立病院、大学病院、保健所、福祉施設、大手食品加工工場などで広く利用されています。

☆フィトンチッドパワーを取り込む

その特性は「フィトンチッドパワー」と「アロマテラピーパワー」と「原始ソマチッドパワー」の3つです。この3つのパワーの相乗作用でもっとも注目すべきなのが免疫力アップです。

プロローグで、「森の香り精油」の働きは3つの特性で説明できると述べました。私は、その一つであるフィトンチッドパワーを一般家庭で利用できたら、花粉症やぜんそく、アトピーなどのアレルギー疾患で苦しむ人たちの福音になるのではないかと考えました。

そこで採用したのが、この精油を水で薄め、モーターファンで室内空間に拡散させる方法です。私は、そのために空気清爽器を開発・製作しました（「森林倶楽部イオンEX」、現在の名称はFS-MINI）。

一般の空気清浄機は、モーターファンで空気を吸入し、消臭、集塵しますが、「森林倶楽部イオンＥＸ」は消臭、殺菌、防カビ、防虫、精神安定といった作用をもつ森の香り精油を室内へ噴霧拡散させます。それによって、フィトンチッドパワーがあふれる森林の中にいるのと変わらない効果を得られるようになったのです。

森の香り精油の成分が嗅覚から入ってくると、その刺激が大脳の最深部にある間脳の視床下部に伝わり、自律神経のバランスが整えられることで、免疫力が大きく向上するに違いないと考えました。

事実、そのことを示す変化が心身に起こってきます。たとえば、脳波に変化が現われます。脳がリラックスし集中力が高まったときに発生するアルファ波や、深い瞑想状態のときに発生するシータ波に変わります。学習効果も飛躍的に高まります。

また、副交感神経を刺激して自律神経のバランスを整え、精神を安定させ、免疫力を高めてくれることも認められました。たとえば、子どもたちのアレルギー症状に驚くような変化がありました。

ところが、「森林倶楽部イオンＥＸ」を世に出すタイミン

森林倶楽部イオンＥＸ

グは早すぎた感がありました。当時、「森林浴」という言葉がブームになっていましたが、その中心は滝や渓流から発散するマイナスイオンを浴びることにありました。まだ、フィトンチッドパワーについての研究データが少なく、ましてや一般の人々にはほとんど知られていなかったからです。

それでもフィトンチッドパワーについて説明し、体感してもらいながら普及に努めました。しかし、開発費の回収ができるほどユーザーの数は増えず、私の小さな会社は倒産寸前にまで追い込まれてしまったのです。

☆室内を香り成分で満たすことに成功

じつはもう一つ、「森林倶楽部イオンEX」自体に致命的な課題がありました。森の香り精油を水で希釈して室内に噴霧すると、その殺菌・消臭の効果が1カ月間くらいは持続するものの、香り成分が3～4日間で体感できなくなってしまうのです。

精油の中の香り成分はたいへん軽く、希釈液の上澄みにあるため、空気に触れるとすぐに揮発してしまいます。そのため、香りによるアロマテラピー的なリラクゼーション（精神安定作用）を体感できる期間が短くなってしまうのです。

ずっと室内に香り成分を満たし続ける方法はないものか、濱野社長と検討し続けましたが、なかなか解決の糸口は見つかりませんでした。それでも15年の歳月をかけて研究を続けた結果、ようやく解決策が見つかり新たに誕生したのが「ＭＯＲＩ ＡＩＲ」（モリエアー）です。

MORI AIR

ＭＯＲＩ ＡＩＲは森の香り精油の原液を水で薄めず、そのままカートリッジボトルに密閉し、特殊な装置で二方向から精油を激突させます。それによって、ナノレベル（１００万分の１ミリ）にまで超微粒子化して噴霧することに成功しました。
超微粒子は非常に軽いため拡散範囲が広く、空気中での滞留時間も長いため、より長い時間、森の香り精油が室内空間に充満し続けます。その分、森の香りを体感しながら生活できるようになりました。しかも、精油の消費期間は数倍に伸びますから、ランニングコストはグーンと下がりました。

さらに、森の香り精油のブレンドを工夫すると、消臭&除菌スプレー、除菌型洗浄剤、シャンプー、ボディーソープとしても活用でき、無農薬栽培などにも応用できるようになりました。

(2)フィトンチッドの正体

☆フィトンチッドの由来

ここで、フィトンチッドパワーの本体であるフィトンチッドの由来について見ておくことにします。

旧ソ連の植物学者B・P・トーキン博士は、高等植物がその周囲にいる細菌を殺してしまうことに気づきました。そして1930年頃、植物が殺菌効果のある揮発性芳香物質を出していることを発見したのです。その物質は、ロシア語で植物という意味の「phyto（フィト）」と、殺すという意味の「cide（チッド）」を合わせてフィトンチッド（phytoncide）と命名されました。

森林の中を散策すると、えも言われぬ気持ちのよい香りに包まれ、心が安らぎます。その空気は透き通るようにきれいで、じつに清々しく爽やかです。嫌な臭いも感じられません。

それは、揮発性芳香物質がカビ菌、腐敗菌、病原菌などを除菌したり、異臭粒子を包み込んで脱臭したりしながら、森林の空気を清浄化し、独特のほのかな香りを漂わせているからです。

針葉樹の森林の中には蚊も虫もいないとか、イノシシやイタチが死んでも死骸は腐らず、そのまま朽ちていくといわれるのもフィトンチッド作用によります。あるいは、ヒノキやヒバで建てられた家が１００年たってもダニやシロアリを寄せ付けないのも、フィトンチッド作用によるものです。

とくに木曽ヒノキや青森ヒバなどの針葉樹に多く含まれている揮発性芳香物質は、より強い抗菌、防虫作用をもっていることがわかっています。

☆木の部位によって精油のフィトンチッドパワーは異なる

じつは、フィトンチッドパワーは幹（芯）、皮、葉など木の部位によって異なります。幹から抽出される精油は白アリ、ゴキブリなどの害虫を寄せ付けない働きが強く、強い消臭作用もあります。

同じ幹の中でも色の濃い部分である幹の芯や枝の芯には、とくに精油がギッシリ詰まっています。たとえばヒノキチオールは、青森ヒバの幹と枝の間の三角錐の芯にのみに存在し、枝の根本を虫に喰われないように防御しています。

幹や枝の外側の皮に含まれる精油は強い防カビ作用をもっています。日本の木造建築の屋根はヒノキの幹から削ぎ取った皮で葺かれましたが、皮の精油が屋根にカビ菌が付着するのを防いでくれるからです。

葉に含まれる精油は、昆虫を寄せつけない防虫作用・忌避作用をもっています。

このように同じ木であっても部位によって含まれる精油の働きの強さが異なり、フィトンチッド作用も違ってきます。そこで、その違いを利用して複数の部位の精油を調合すると、もっと効果的にフィトンチッドパワーを活用できることがわかってきたのです。

☆森林浴の秘密もフィトンチッドパワーにある

ドイツのホリスティック医学では、自然治癒力を高めるために森林浴を取り入れた森林療法（森林セラピー）が盛んです。これはスイス、イギリス、米国にも広がっています。

森林浴は日本からはじまったもので、１９８０年代に林野庁が音頭をとり、国立の森林公園などでの森林散策を健康増進に活用する森林療法（森林セラピー）を推進したのがきっかけです。１９８２年には、木曽御嶽山のふもとの赤沢自然休養林で「第１回全国森林浴大会」が開催され、それを皮切りに全国に「森林浴」が広まっていきました。

健康増進に効果的な森林浴

たしかに、森の中に入ると、ほのかな森の香りを感じ、気分がリラックスして癒されます。さらに、小川のせせらぎや、ウグイスなどさまざまな小鳥のさえずり、虫の声に、そして森の静けさの中にそよぐ爽やかな涼風の音にも癒されます。森の緑や木漏れ日、樹木が発散するきれいな酸素、滝や谷川からのマイナスイオンによっても癒され、気分が爽快になります。

このように森林浴にはいろんな癒し効果がありますが、もっとも大きな癒し効果を発揮するのがフィトンチッドパワーです。とくにヒノキ、スギ、ヒバ、トドマツなどの常緑針葉樹が多い森林ほどフィトンチッドパワーが大きくなります。広葉樹については、クスノキ（楠）など常緑広葉樹の一部に、ある程度フィトンチッドパワーがありますが、落葉広葉樹にはほとんどありません。ですから、森林浴には常緑針葉樹が多いところ、広葉樹ならクスノキなどの常緑広葉樹が多いところが適しています。

ここでフィトンチッドパワーによる多様な作用について整理しておきます。

1　殺菌・抗菌作用

①**殺菌作用**：食中毒を起こすO-157（病原性大腸菌）、院内感染をもたらす黄色ブドウ球菌（MRSA）、レジオネラ菌などの病原菌、有害菌を除去する

②**防腐作用**：生ものを腐らせる腐敗菌を除去する

③防カビ作用：有害なカビ菌や真菌、白癬菌を除去する
④抗菌作用：木材腐朽菌などの有害な細菌（バクテリア）を除去する
⑤防虫作用（忌避作用）：蚊、害虫、ダニ、シロアリを寄せつけず除去する
⑥抗ウイルス作用：風邪ウイルス、インフルエンザウイルスなどを除去する

2　有益菌保護作用

発酵菌（乳酸菌、麹菌、酢酸菌、ビフィズス菌……）や人体常在菌（腸内細菌、皮膚常在菌、口内常在菌）などの有益菌を保護する

3　消臭作用

腐敗によって発生するアンモニア、硫化水素、トリメチルアミン、メルカプタンなどの悪臭粒子を中和分解してしまう。しかも、悪臭の発生源となる腐敗菌を殺してしまうため悪臭を根源から取り除く。たとえば、フィトンチッドを吹きつけると、腐敗菌を殺すことで腐らないだけでなく、逆に発酵菌が働いて発酵するため、良い香りが漂う。

タバコ臭、ペット臭、料理臭、生ゴミ臭、エアコンのカビ臭、各種カビ臭、尿の臭い、医

薬品臭、線香臭、ホルムアルデド（シックハウス症候群の原因となる建材に使われている化学溶剤）、加齢臭、汗臭などの悪臭を消して、芳香を漂わす。

揮発性物質であるフィトンチッドの主な成分はテルペン類と呼ばれる有機化合物です。テルペン類は数百種類あるといわれますが、主な種類と作用は次頁の表にあるとおりです。

とくにテルペン類が豊富に含まれているのはヒノキ、ヒバ、サクラ、ネズコ、日本スギなど、日本固有の木です（台湾ヒノキは台湾の高山にのみあるが、香りは日本のヒノキとは異なる）。なかでも代表格は木曽ヒノキで、テルペン類が豊富で世界トップレベルのフィトンチッド効果をもたらしてくれます。

テルペンの主な種類と作用

・リモネン
殺菌・防腐作用
ヒノキ、ヒバ、スギ、トドマツに多く含まれる。

・ヒノキチオール
抗菌作用・養毛作用
ヒバ、ネズコ、台湾ヒノキに多く含まれる。

・リナロール
血圧低下作用
ヒノキ、スギ、トドマツに多く含まれる。

・α−カジノール
虫歯予防作用
ヒノキに多く含まれる。

・カンファー
リフレッシュ作用
ヒノキ、サクラ、ネズコ、クスノキに多く含まれる。

・α−ピネン
リフレッシュ作用
ヒノキ、マツ、スギ、トドマツに多く含まれる。

(二)アロマテラピーパワーの秘密

アロマテラピーはヨーロッパでは医療にも幅広く利用されています。植物から抽出された芳香性の成分である精油の働きを利用して、病気や外傷の治療、病気の予防、リラクゼーションやストレスの解消などを行ないます。日本でも趣味や美容、リラクゼーションなどで人気を得ていますし、代替医療のひとつとしても利用されています。

ですから、アロマテラピーといえばヨーロッパが主流というイメージが一般的で、利用される精油もハーブ系のものが主流です。しかし、本書で取り上げている森の香り精油は、日本の森林生まれで、非常にすぐれたアロマテラピーパワーをもっています。まさしく日本の森生まれの精油なのです。

このことをお伝えするために、まずアロマテラピーの由来について簡単に振り返っておくことにします。

☆アロマテラピーの由来

アロマテラピー（aromatherapy）の名前の由来は、1936年フランスの化学者ルネ・モーリス・ガットフォセが「香り」の〝aroma〟と「療法」の〝thérapie〟を合わせて名付けたことが始まりといわれています。いわゆる「芳香療法」です。

ひどい火傷を負ったガットフォセがラベンダーの精油を使って処理すると、病原菌による感染はなく、火傷跡も残らず、きれいに治ったといいます。この経験から、精油の医学的使用法について研究し発表したことで、精油が医療現場で使われるようになりました。

この精油は、ミントやバジル、ラベンダー、ローズなどハーブを中心とした芳香植物の花、葉、果実、種子、樹皮、茎、樹木部などから抽出されたものでした。その後、1977年にイギリスのロバート・ティスランドが『アロマテラピー：理論と実際』を出版したことで英語圏でもアロマテラピーが知られるようになり、日本にも伝わりました。

このようにアロマテラピーの歴史は意外に新しいのですが、そのルーツは古く、古代エジプトやギリシャの時代にまで遡ります。「植物療法」のひとつとして、お香や医療、化粧などに用いられていました。それ以来、数千年の長い歴史があり、20世紀に入ってアロマテラピーとして世界中に広がっています。

ヨーロッパとは違い、日本では正式な医療としては認められず、あくまでセルフケアに活用されています。そこに日本生まれの精油として、ヒノキ、青森ヒバ、日本スギ、クスノキなどの精油が加わり、アロマテラピーの新しい流れが誕生したのです。

ヨーロッパのアロマテラピーの歴史では、樹木の精油が注目されることはなかったのに、なぜ日本で樹木の精油が注目されるようになったのか。いちばんの理由は、日本にのみ生育するヒノキや青森ヒバなどのヒノキ科樹木や日本スギ、アジアにしかないクスノキなどから、きわめて生命力の強い精油を抽出できることがわかったからです。

☆精油の作用と伝達経路

精油が心身へ働きかける伝達経路は3つあります。

①鼻腔の嗅覚から脳へ

精油の香り成分が鼻腔の天井部分の嗅毛から嗅細胞へ届くと、電気信号が発生します。それが嗅覚神経を通じて脳の大脳辺縁系へ伝わります。そこから情動を司る扁桃体、記憶を司る海馬、自律神経をコントロールする視床下部、内分泌系ホルモンをコントロールする脳下垂体へと伝わります。

それによって香り成分は、自律神経系、内分泌ホルモン系、免疫系を活性化し、心身を癒し、免疫力も高めます。記憶力も高まります。

②呼吸器（鼻や口）から肺へ

香り成分が鼻や口から入り、呼吸器を通過して肺に入ります。肺から血液中に取り込まれ、全身を巡って体内組織を活性化します。

③皮膚から全身へ

精油は脂溶性なので、皮膚への塗布や浴用を通じて皮膚表面から表皮を通過して真皮にある血管やリンパ管へ入り、全身を循環します。ＭＯＲＩ ＡＩＲを用いて精油をナノレベル（１００万分の１ミリ）の超微粒子にすれば、空気中からも皮膚を浸透して血液中に入ります。

ハーブ系の精油にもフィトンチッド作用はありますが、日本固有のヒノキや青森ヒバ、日本スギ、クスノキなどから抽出された精油のフィトンチッド作用は強烈で、強力な殺菌作用や防虫作用、防カビ作用などをもっています。

そのうえ、木曾ヒノキから抽出された森の香り精油は、副交感神経の働きを促進する作用が強く、鎮静作用（ストレス解消、リラクゼーション、精神安定）、血圧低下作用、快眠作用、集中力向上作用などに優れていることもわかってきたのです。

2章

国有林の天然木の精油に含まれる原始ソマチッドの秘密

㈠樹齢の長い天然木ほど生命力がすごい

☆針葉樹の精油の不思議

次頁の写真はヒノキの枝打ちで切断した枝の断面で、切った直後のものです。色の濃い部分に精油がつまっています。切断すると、この切り口に精油が染み出してきます。

とくに国有林の樹齢数百年以上の木曽ヒノキは、大量の精油が染み出てきます。それだけ多くの精油が大量に含まれているということです。重さを比較しても、民有林の枝よりも5割前後は重いことがわかります。それだけカビ（真菌）や腐敗菌、害虫に対して強い耐性をもっているのです。

精油は葉、皮、幹、枝、根などに存在していますが、不思議なことに、カビ菌、腐敗菌、病原菌などは殺しても、発酵菌である有益菌を殺すことはありません。むしろ、有益菌を

【左】国有林のヒノキの年輪　【右】民有林のヒノキの年輪

保護しています。だから、味噌や醤油など発酵食品を作るメーカーでは、ヒノキ、スギ、サワラなどを樽や蔵の材料に使っています。化学物質ででき
た樽にはできない芸当です。

☆集中力を高め学習に最適な空間をつくる

樹齢が長い木曾ヒノキを中心にすぐれた精油を含む針葉樹から抽出された森の香り精油を室内空間に満たし森の中を再現すると、主に次のような効果が期待できます。

【第一の効果】脳の自律神経系や内分泌ホルモンに働きかけ、精神安定、快眠、免疫力が向上

森の香り精油が鼻腔の天井部分にある約500

0万個ある嗅細胞でキャッチされると、その刺激が大脳辺縁系の快・不快を感じ取る扁桃体や、記憶を司る海馬を活性化します。さらに、自律神経をコントロールしている視床下部を刺激し、内分泌ホルモンをコントロールする脳下垂体を刺激します。

その結果、自律神経系や内分泌ホルモン系のバランスを整え、免疫力を向上させます。ストレス解消や心身のリラックス効果など精神面への効果も期待できます。脳波がアルファ波やシータ波に変わり、イライラが消えて心が落ち着きますし、頭脳がスッキリして集中力も高まります。

【第二の効果】殺菌・抗菌作用があり、カビ（真菌）、腐敗菌、病原菌を殺す

殺菌作用により、病原菌やカビ（真菌）を寄せつけず、防腐作用によって腐敗菌を殺してくれます。さらに、くさい臭いの波長を変えて快適な森の香りを充満させてくれます。また、ダニや白蟻、蚊など害虫への忌避作用があるので、害虫に悩まされることもありません。

抗ウイルス作用も認められるので、風邪ウイルスやインフルエンザウイルスにも強く、冬の対策には向いています。

【第三の効果】免疫力を高める作用がある

鼻から吸い込まれた香り成分が肺に入り、毛細血管に取り込まれて血液中を循環します。その結果、気管支や肺のウイルス、病原菌、カビ菌を殺し、血液中での免疫力を高めてくれます。

また、鼻腔や気管支の粘膜を守り、免疫力をアップさせます。ナノ微粒子（100万分の1ミリ）化した香り成分は脂溶性のため、粘膜だけでなく、皮膚の表皮も通過して血液やリンパ管へ入り、免疫力を高めてくれます。

【第四の効果】樹齢千年の巨木のエネルギー（気）が全身の細胞に伝わる

火山帯は地球のもっとも強いエネルギー（気）を表出するところです。ですから、世界でいちばん火山帯が多い日本列島は、世界一エネルギーが強い地域でもあります。温泉が体にいいのは、そのエネルギーをたくさん含んでいるからです。

日本の大地には、そのエネルギーが蓄積しています。私たちは、とくにエネルギー（気）が強い場所を「癒し地」、弱い場所を「穢れ地」と呼んできました。「癒し地」にはエネルギーの塊である岩盤や岩石も多くあります。その下を流れる地下水もエネルギーをたくさんもっています。

神社仏閣はそうした癒し地を好んで建てられてきました。境内には地下深くに根を伸ばし、長い年月をかけてゆっくり大地や地下水のエネルギーをいっぱい吸収して育った巨木が聳《そび》えています。樹齢は数百年から千年以上のものもあります。

境内に入ると、そんな巨木のエネルギー（気）に触れることができるので、とても爽やかで清々しい気持ちになるのです。

そんな巨木から抽出された森の香り精油を室内空間に満たすと、大地のエネルギーがあふれてきます。まるで「癒し地」にいるように全身の細胞が活性化され、免疫力や自然治癒力が高まります。

☆フイルドサイエンス社が開発した「植物性除菌型消臭液ＰＣＫ」

一つの樹木から得られる精油には50種類以上の成分が含まれていますが、なかでも生命力が強い樹齢数百年から１０００年の天然木を中心に35種類の樹木から抽出した精油が「森の香り精油（ＰＣＫ）」です。

35種類の樹木のうち主な樹木を挙げますと、木曾ヒノキ、青森ヒバ、紀州ヒノキ、秋田スギ、熊本のクスノキ、コウヤマキ、黒マツ、北海道のトドマツ、白樺などです。それらの樹木を枝打ちした枝や間伐材を水蒸気蒸留して抽出した100%天然の精油です。日本固有の天然木から抽出されたという意味では「和製精油」ともいえます。

さらに、それぞれの樹木から抽出された精油を特殊な条件下でブレンドし、精油の作用をもっとも高めることで誕生したのが「植物性除菌型消臭液PCK」です。

たとえば抗菌力を見ると、1リットルの水に0・1グラム入れるだけで、大腸菌や黄色ブドウ球菌は近寄ることができないほどです。そのほかにも、殺菌作用、消臭作用、防カビ作用、防虫作用などにすぐれていますが、何よりすごいのは自然治癒力や免疫力を高める作用が強いことです。

この「植物性除菌型消臭液PCK」を居住空間に充満させると、アンモニアや硫化水素、チリメチルアミン、ホルムアルデヒドなどの揮発性有害物質を抑えることができ、細菌やカビ、ダニなどを除去することもできます。それによって気分を害する臭気を取り除くことができます。

さらに、「植物性除菌型消臭液PCK」の香り成分が脳幹の視床下部に働きかけて自律神経のバランスを整えてくれます。それによって、自然治癒力や免疫力を高めていると考えられます。集中力が高めったという報告も多く聞きます。

【コラム】すぐれた除菌能力は大学などの検査機関でも確認されている

「植物性除菌型消臭液ＰＣＫ」が大腸菌群（Ｏ‐１５７）やメチシリン耐性黄色ブドウ球菌（ＭＲＳＡ）をはじめ、一般細菌やレジオネラ菌など、各種細菌に対してすぐれた除菌作用を発揮することが大学などの検査機関で確認されています。また、室内に噴霧するだけで室内の隅々まで除菌できることや、継続して使用するとバクテリアやカビの発生を抑制できることも実証されています。

もちろん、化学物質を使用していないため、体内に蓄積して人体に害を及ぼす危険性はなく、安心して使えることも大きな利点になっています。

各種の試験や検査の結果を見れば明らかです。なお、検査の場合は「植物性除菌型消臭液ＰＣＫ」を水で50倍に希釈した溶液を各菌に添加して行なっています。

◎PCK蒸散による殺菌試験結果

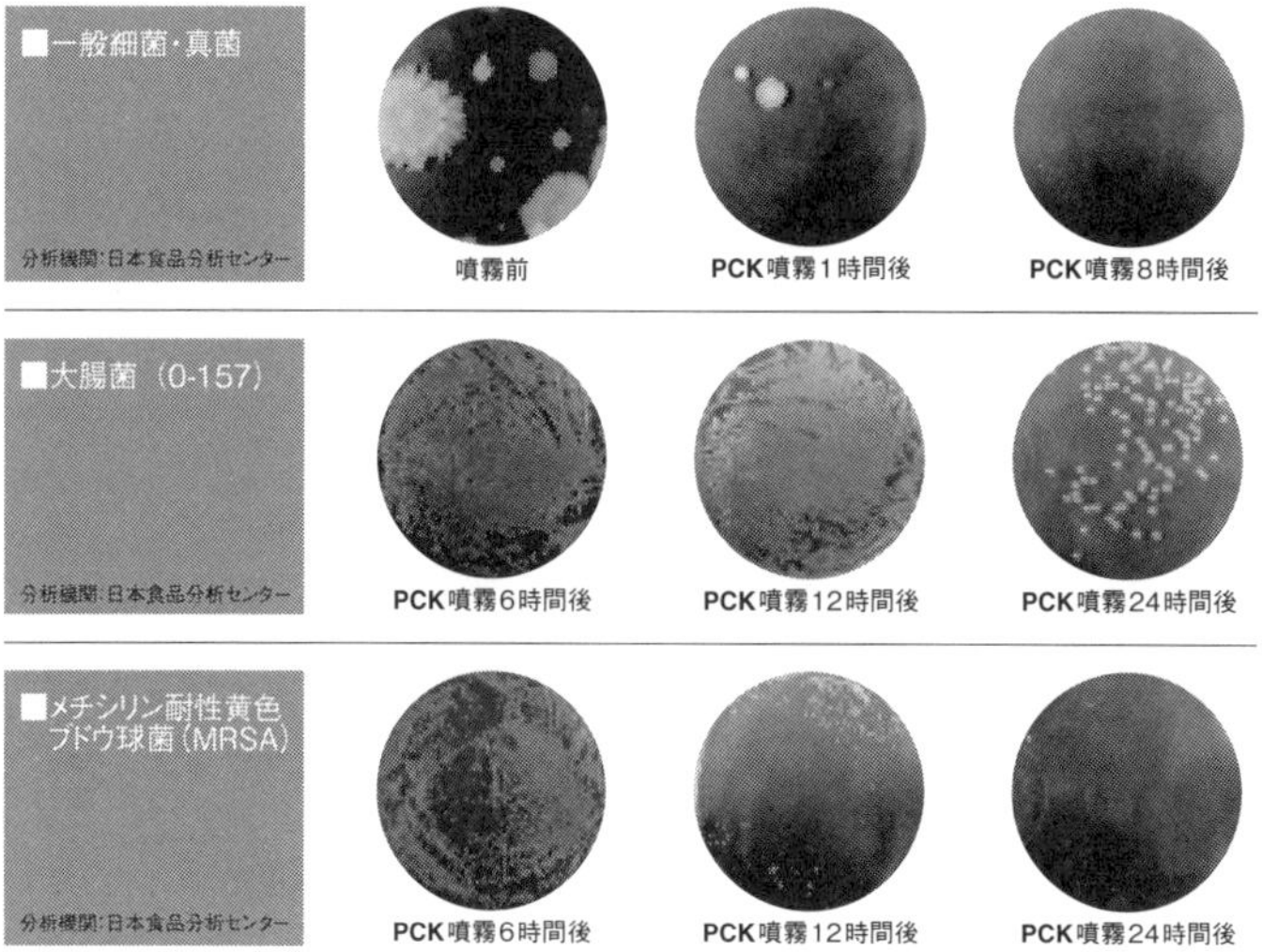

◎各大学機関での検査結果

メチシリン耐性黄色ブドウ球菌・緑膿菌・大腸菌O-157

（MRSA/Pseudomonas-aeruginosa/Escherichia）

※１）試験機関　（財）北里環境科学センター

※２）殺菌効果報告　３種類の菌にそれぞれ、50倍希釈したＰＣＫを添加すると、直後に殺菌された。

試験株		作用時間			
	初発菌数	2.5分	5分	10分	15分
MRSA	1×10^5	0	0	0	0
Pseudomonas-aeruginosa	1×10^5	0	0	0	0
Escherichia coli O-157	1×10^5	0	0	0	0

（CFU/mℓ）

バンコマイシン耐性腸球菌・ペニシリン耐性肺炎球菌

（Enterrococcus faecium/Strptoccus pneumoniae No.4）

※１）試験機関　杏林大学医学部微生物学教室

※２）殺菌効果報告　２種類の菌にそれぞれ、50倍希釈したPCKを添加すると、直後に検出限界値以下に減少した。

作用時間／被検菌	処理	直後	１時間後	３時間後
バンコマイシン耐性腸球菌（Enterrococcus faecium）	PCK	＜10	＜10	＜10
	対照	4.8×10^5	4.7×10^5	4.5×10^5
ペニシリン耐性肺炎球菌（Strptoccus pneumoniae No.4）	PCK	＜10	＜10	＜10
	対照	7.6×10^4	7.1×10^4	6.7×10^4

＜10検出限界以下（CFU/mℓ）

結核菌

（牛結核菌BCG株 RIMD 1314006）

※１）試験機関　（財）北里環境科学センター

※２）殺菌効果報告　結核菌に、50倍希釈したＰＣＫを添加すると、５分間で３分の１に、１時間後には5000分の１に減少した。

試験液及び試験方法		作用時間					
		初発菌数	５分	10分	15分	30分	60分
生理食塩液		1.2×10^{5}	−	−	−	−	1.8×10^{5}
PCK	液体培地塗布法	1.2×10^{5}	3.9×10^{4}	3.1×10^{4}	1.8×10^{4}	6.0×10^{3}	2.0×10^{1}
	検体MF法	1.2×10^{5}	3.9×10^{4}	2.6×10^{4}	1.5×10^{4}	4.4×10^{3}	1.8×10^{1}

（CFU/㎖）

インフルエンザウイルスA型

※１）試験機関　杏林大学医学部微生物学教室

※２）殺菌効果報告　１分間の接触によりインフルエンザウイルスの力価を1/30に低下させ、10〜60分間の接触では1/50〜1/100以上を減少した。
直接的な抗インフルエンザウイルス効果が顕著に認められたため、感染予防効果をもつ可能性は存在する。

大腸菌・緑膿菌・黄色ブドウ球菌

（E. Coli GIFU3005/Ps. Aeruginosa GIFU274/S. Aureus IID975）

※１）試験機関　山形大学医学部

※２）殺菌効果報告　３種類の菌にそれぞれ、50倍希釈したＰＣＫを添加すると、直後に殺菌された。

A. 大腸菌（E. Coli GIFU3005）

試験液 / 作用時間	初発菌数	1分	1時間	24時間
生理食塩水	9.7×10^6	−	−	3.1×10^6
PCK	9.7×10^6	0	0	0

（CFU/mℓ）

B. 緑膿菌（Ps. Aeruginosa GIFU274）

試験液 / 作用時間	初発菌数	1分	1時間	24時間
生理食塩水	8.5×10^6	−	−	2.7×10^6
PCK	8.5×10^6	0	0	0

（CFU/mℓ）

C. 黄色ブドウ球菌（S. Aureus IID975）

試験液 / 作用時間	初発菌数	1分	1時間	24時間
生理食塩水	8.5×10^6	−	−	2.6×10^6
PCK	8.5×10^6	0	0	0

（CFU/mℓ）

黄色ブドウ球菌・病原性大腸菌

（Staphylococcus aureus FP-10/Escherichia coli O-157:H7）

※１）試験機関　北海道大学

※２）殺菌効果報告　エキス塗布プレートでは、コロニー減少静菌、殺菌効果あり。

レジオネラ菌

（Legionella pneumophila subsp.pneumophila ATCC33154）

※１）試験機関　（財）北里環境科学センター

※２）殺菌効果報告　レジオネラ菌に、50倍希釈したＰＣＫを添加すると、５分後には検出限界値以下に減少した。

試験菌	初発菌数	試験液	作用時間	
			５分間	15分間
レジオネラ菌（Legionella pneumophila subsp. pneumophila ATCC33154）	5.2×10^5	対照	－	5.0×10^5
		PCK	＜10	＜10

（CFU/mℓ）

カンジタ菌

（Candida albicans 11511）

※１）試験機関　杏林大学医学部微生物学教室

※２）殺菌効果報告　カンジタ菌に、50倍希釈したＰＣＫを添加すると10分の１以下に。24時間後にはすべて殺菌された。

検菌名	菌濃度	試験液	1h	5h	9h	24h
カンジタ菌（Candida albicans 11511）	5.0×10^2	対照	5.0×10^2	4.8×10^2	5.0×10^2	2.0×10^2
		PCK	0	0	0	0
	5.0×10^4	対照	4.9×10^4	2.9×10^4	2.6×10^4	2.5×10^4
		PCK	5.0×10^3	5.0×10^3	1.0×10^3	0

（CFU/mℓ）

※資料提供「株式会社フイルドサイエンス」

☆国有林と民有林の樹木がもつ生命力には格段の差がある

ここで、樹齢年数と精油の関係について説明しておきたいと思います。

写真ａは、木曽の国有林の樹齢３５０年の木曽ヒノキです。写真ｂは、愛知県三河地方の民有林の樹齢50年の植林のヒノキで、じつは私が小学6年生のとき、父が植林したヒノキです。どちらのヒノキもほぼ同じ太さ（50㎝前後）ですが、寿命はまったく違います。木曽の天然木のヒノキには、樹齢が５００年のもの、なかには１０００年以上にもなる巨木（写真ｃ）まであります。

民有林（植林）のヒノキの生長は国有林のヒノキ（天然木）に比べて数倍速いのですが、寿命は１００年前後しかありません。国有林のヒノキは生長が遅い代わりに、民有林のヒノキの10倍長寿なのです。

そのことは、年輪の密度を見ても明確に分かります。先に取り上げた49頁のヒノキの枝は、左側が国有林の天然のヒノキの枝で、右側が民有林の植林されたヒノキの枝です。どちらも直径10㎝くらいの太さですが、民有林のヒノキの枝の年齢が30年弱であるのに対し、国有林のヒノキの枝の年輪は１３０年を超えています。赤い濃い輪の部分が数え切れない

写真 a ／国有林の樹齢
350年になるヒノキ

写真 c ／木曽の天然木ヒノキ。樹齢
1000年以上の巨木もある

写真 b ／民有林の樹齢50年のヒノキ

ほどびっしり詰まっているのがわかります。

太さは同じでも、重量は国有林のほうが1・5倍ほど重く、それだけ精油が多く含まれています。天然と植林という違いはあっても同じヒノキなのに、なぜそれほど差があるのでしょうか。

天然のヒノキは植林のヒノキより、はるかに大きな生命力をもっているからです。そのことは実を見てもよくわかります。木から落ちた実は、すぐには芽が出ません。ヒノキの林では地面に届く太陽光が少ないからです。そのため、周囲の木が倒れて太陽光が地面に十分届くまで何百年もの間、芽を出さないままじっと我慢し、時を待つのです。

そのチャンスが来たら一斉に芽を出して生長していきます。なかには、生長が速い木の日陰になって光合成ができず、枯れてしまう木もあります。生長競争で勝ち抜いた木のみが生き残り、生長することができるのです。たとえ生長できても、厳しい風雪との戦いもあります。

ですから、天然の厳しい環境の中で耐え抜き、勝ち抜いてきた木はすさまじい生命力で千年以上も生きることができるのです。

じつは、木が生長する最大の要因は土にあります。木の実が芽を出すためには太陽光だけでなく腐植土が必要ですし、水も必要です。民有林の場合は、腐植土の下の土壌が比較的やわらかく、地下水が浅いところを流れているため、木の生長が速くなります。わずか50年ほどで幹の直径が50cm前後になります。しかし、それを柱に使って家を建てても、その家の耐用年数は50年しかありません。

一方、険しい山岳地帯にある国有林の地面は岩が多く、地下水はその岩の下のかなり深い地層を流れています。そのため、樹木の根っこは水を求めて深く深く伸びてゆきます。30mの高木なら地下30mまで根はもぐり込みます。枝が10m横に伸びていれば、地下でも根っこは横に10m張っています。

樹齢500年以上の天然の檜

イラストの木は樹齢500年以上の天然のヒノキを描いたものです。すさまじい生命力で、根は地下深くもぐり込み、横にも広がっています。地下深くまで伸びた根っこは地下水から水分を吸収します。この地下水はクラスターが小さく、水素イオン濃度が高く、きれいで美味しい清水です。

地下深くには、地表付近には棲息できない嫌気性（空気を嫌う）の土壌微生物が産出したミネラルなどの栄養分が豊富です。深く伸びた根っこは、このミネラルも吸収します。

こうして何百年もかけて生育した天然のヒノキで建てられた建築物は、何百年も雨風に耐えられます。事実、法隆寺、薬師寺、正倉院などの飛鳥建築物は、すべて樹齢千年以上の天然のヒノキで建立されていて、１３００年以上建て替える必要がありませんでした。

そんな天然のヒノキから抽出される精油が、いかに大きな生命力をもっているかは容易に想像できることでしょう。

(二)樹齢千年の巨木から原始ソマチッドを発見

☆精油の原液に数億年前の原始ソマチッドを発見

先述したように、「MORI AIR」は森の香り精油をナノ粒子（100万分の1ミリ）レベルまで超微粒化し、長時間、室内空間を漂わせることを可能にしたものです。その最大の特長は免疫力が格段に高まることでしたが、その理由はずっと謎のままでした。

それが解けたのが、森の香り精油の原液を位相差顕微鏡という特殊な顕微鏡を用いて覗いたときでした。ひょっとして、生命の根源的存在であるソマチッドがこの精油の中に存在しているのではないか？　もし存在しているとしたら、数はどれくらいなのか？　期待を抱いて位相差顕微鏡を通したモニター画面を見ました。

私は、映し出されたモニター画面を見た瞬間、腰が抜けるほど驚愕しました。なんと画面内にソマチッドがビッシリなのです（次頁の写真・真ん中）。隙間なく詰まっています。長年、位相差顕微鏡でソマチッドを観察し、研究を重ねてきた波多野昇氏が「スゴイ！　こんなにたくさんのソマチッドが詰まっているのは見たことがない！　しかも、これは何億年前の古い時代のソマチッドだ！　こりゃあ世界一だ！」と言うのです。

たしかに、そこには超古代のソマチッドがまるで天の川の銀河の星々のように無数にびっしり存在し、蠢動《しゅんどう》しています。本書では、このソマチッドを「原始ソマチッド」と呼びます。

次に、民有林のヒノキとスギとマツから抽出した精油をブレンドした原液を覗いてみると、ソマチッドはほんのわずかしか存在していません（次頁の写真・下）。その差は歴然としています。

国有林の天然木の森の香り精油には、なぜこれほど多くの原始ソマチッドが含まれているのでしょうか。じつは、２５００万年前くらいの古代化石にソマチッドが存在することがわかっています。まさしく古代ソマチッドと呼べるものですが、原始ソマチッドは、それよりはるかに古い数億年前のものです。

原始ソマチッドは、高い山脈にあるマグマが冷え固まった火成岩（花崗岩）の中にとく

位相差顕微鏡でソマチッドを観察する波多野昇氏

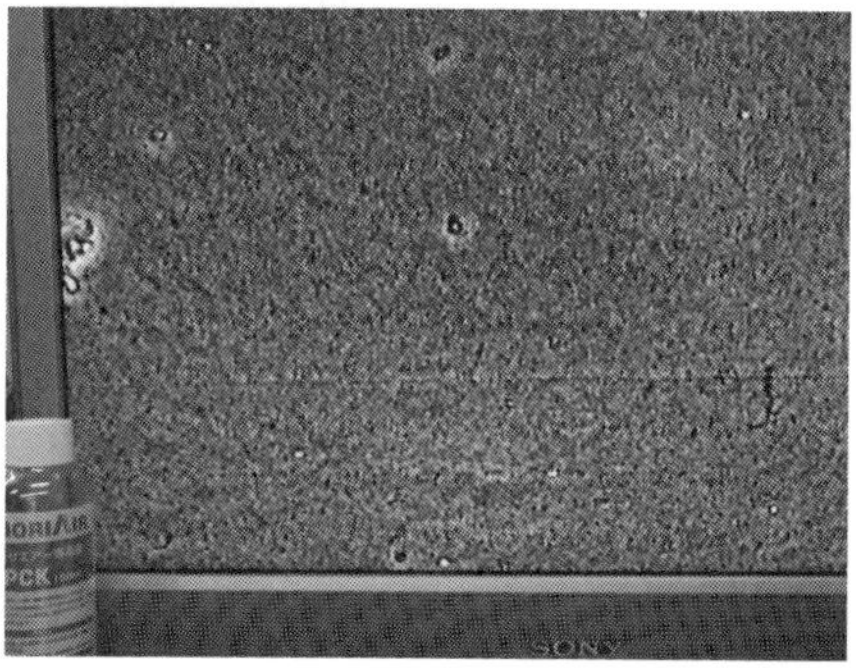

▲森の香り精油の原液に存在する大量のソマチッド

▼民有林のヒノキとスギとマツから抽出した精油に存在するソマチッド

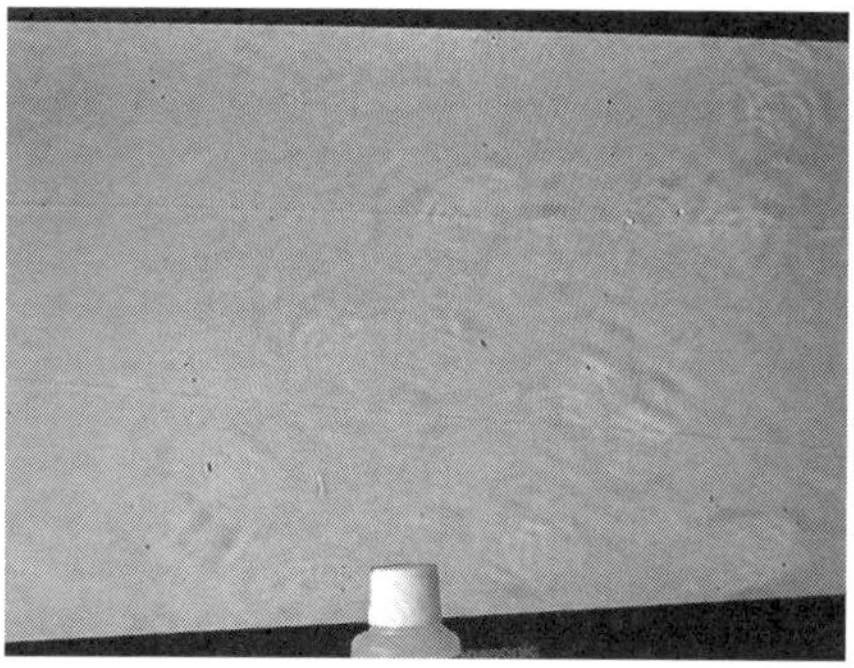

に多く存在します。木曾御嶽山の山頂付近にある火成岩も数億年前くらいに形成されたものです。そこに降った雨水は原始ソマチッドを含んだまま地面に染み込み、地下深くの裂け目から入り込んで地下水になる。その地下水が何年も何十年もかけてクラスターの小さい水になり、回転しながらマイナス電子を発生させながら地下を通過して山の中腹に湧き出す。この過程で、何億年も殻に閉じこもっていた原始ソマチッドが地下水のマイナス電子に感応して殻の外へ飛び出し、地下水とともに樹木に数百年、なかには千年以上かけて吸収され、樹木の生命力を支え続けている。私は、そのように推測しています。

フランスのルルドの水やパキスタンのフンザの水はあらゆる病気を治す「奇跡の聖水」として知られていますが、ルルドの水はピレネー山脈で、フンザの水はヒマラヤ山脈で原始ソマチッドが大量に入り込んだのだと考えられます。

つまり、天然の木曾ヒノキは、御嶽山の地下に存在する原始ソマチッドを大量に含む地下水を根から吸い上げながら生長することで強い生命エネルギーをもっているから、1000年、1500年と長寿になるのです。青森ヒバの天然木も同じです。

ですから、これらの天然木から抽出した森の香り精油にも大量に原始ソマチッドが凝縮して存在しています。その精油をMORI AIRで室内空間に拡散させ、吸引していると原始ソマチッドの生命力に満たされ、何より免疫力がアップするものと思われます。

ソマチッドは、水素イオン濃度の高い水の中では、マイナス電子を受けて活性化し蠢動します。ところが、化学物質に汚染された水や空気の中では逆に不活性になります。また、人体内では、宇宙の意志と共鳴するポジティブな意識や感情（愛情）、言霊、気のエネルギーと反応して活性化し蠢動します。

ところが、現代の地球環境は汚染物質にまみれています。そのうえ、医薬品、合成食品添加物、農薬などで体内汚染が進んでいます。精神的ストレスを抱える人も増えています。これでは、ソマチッドはその活力を発揮できませんし、逆に固いケイ素の殻に閉じこもってしまい、休眠してしまいます。

その昔、何百歳も生きた日本の仙人や、現代のヒマラヤ聖者といわれる人たちは、原始ソマチッドを大量に含んだ高山の天然木のなかで生活し、原始ソマチッドが豊富に含まれる伏湧水を飲み、その水で育った山菜、木の実を生で食べ、丹田呼吸で気のエネルギーを取り入れ、瞑想することで宇宙の意志につながっていました。

それらによって、体内に取り込んだ原始ソマチッドが活性化し、蠢動していたものと思われます。彼らの健康長寿の最大の秘密はそこにあったのです。

☆MORI AIRの秘密

平成27年春からスタートしたMORI AIRは、20年前開発の「森林倶楽部イオンEX」と比べ、奇跡ともいえる画期的な変化をもたらしました。もっとも一般的な使い方は、寝室に置いて就寝中に噴霧することです。日中、オフィスやリビング、勉強部屋、介護室、学校の教室、保育室、歯科医院、病院の診療・待合室に置いて利用するケースも増えています。そこに起こっている主な変化をまとめますと、次のようになります。

1 室内の悪臭が消え、ヒノキ中心の森の香りが継続する。
2 専用液（精油）のランニングコストが数分の1（1カ月1000円〜2000円）になった。
3 室内の有害菌やウイルス、カビ菌が存在しなくなった。
4 ぜんそく、花粉症の症状が出なくなり、アトピーも改善。

5　風邪やインフルエンザにかかりにくくなった。
6　蚊が室内にいなくなった。
7　ぐっすり眠ることができ、朝は気持ちよくすっきり目覚めるようになった。
8　眠っている間に免疫力がグーンとアップし、元気になった。
9　肺炎の治癒が早くなった。
10　肺気腫や肺ガンの数値に変化が出た（腫瘍マーカーの数値低下）。
11　学習や仕事の集中力が高まり、記憶力アップや直感力・ひらめきが増えた。

なぜこれほどの画期的な変化が起こるのでしょうか。

風邪ウイルスやインフルエンザウイルスは夜間、睡眠中に暴れます。花粉症もぜんそく、アトピー症状も夜中に強く出てきます。しかも、免疫力が低下している人ほど症状はひどくなります。ＭＯＲＩ ＡＩＲによって原始ソマチッドを大量に含む森の香り精油を吸引していると、室内の有害菌やウイルス、カビ菌などが除去されるとともに、免疫力が大幅にアップするため、症状に変化が現れるのだと思われます。

20年以上前に開発した「森林倶楽部イオンＥＸ」も同じ専用液（精油）を使用していま

したが、ＭＯＲＩ　ＡＩＲほど画期的な変化は現われてきませんでした。この違いは、その後の研究から室内空間に拡散する専用液（精油）の粒子の大きさの差にあることがわかりました。専用液（精油）を水で30倍に希釈し、自然揮発させる「森林倶楽部イオンＥＸ」のシステムでは、拡散する精油の粒子がかなり大かったのです。

一方、新しく開発したＭＯＲＩ　ＡＩＲは特殊な特許技術で原液精油を密閉状態のまま二方向から高速で激突させ、ナノレベル（１００万分の１ミリ）の超微粒子にして室内空間に長時間漂わせることができました。

このナノレベル粒子が肌から直接浸透したり、呼吸で肺から血液に入り、全身細胞へ行き渡ります。それによってより高いフィトンチッドパワーとアロマテラピーパワーが得られるというだけでは、次々と起こる変化を説明しきれませんでした。これほどまでに免疫力を強化する要因が他に何かあるとしか考えられません。

そこでたどり着いた推測が「原始ソマチッドが森の香り精油に含まれているからではないか？」ということでした。

そのころ、ちょうどタイミングよく、20年来の友人であるジャーナリストの上部一馬氏

北海道八雲地方で発掘される2500万年くらい前の古代カミオニシキ貝化石に存在するソマチッド

がソマチッド研究の成果をまとめた『超極小知性体ソマチッドの衝撃』（ヒカルランド刊）を出版しました。

その上部氏の紹介で、先述した波多野昇氏に出会うことができました。波多野氏は、製薬会社メーカー勤務の後、位相差顕微鏡でソマチッドに関する研究成果を続けています。早速、位相差顕微鏡でＭＯＲＩ ＡＩＲで使用する森の香り精油を覗いたところ、67頁の写真のように、波多野昇氏も驚愕する事実が判明したのです。「こんな超大量に存在する超古代ソマチッドは今まで見たことがない！」というのが波多野氏の率直な評価でした。

日本国内でソマチッドがもっとも多く存在するといわれてきたのは、北海道八雲地方で発掘される2500万年くらい前の古代カミオニシキ貝化石でした。前頁の写真にある小さい黒い点が、この古代ソマチッドです。

これに対して、MORI AIRの森の香り精油に含まれるソマチッドは、それよりはるか昔で、なんと数億年前のものです。まさしく超古代のソマチッドであり、「原始ソマチッド」なのです。しかも、森の香り精油に含まれる原始ソマチッドは古代ソマチッドよりはるかに小さく、その数は古代カミオニシキ貝化石に含まれる古代ソマチッドの数の数倍から10倍も多いことがその後の研究でわかってきました。

☆超極小生命体ソマチッドの正体

ソマチッドを最初に発見したのは、フランス生まれでカナダ在住の生物学者ガストン・ネサンです。ネサンは、第二次世界大戦中に生命体が生きたまま観察できる3万倍の高性能顕微鏡「ソマトスコープ」を開発し、血液中を動き回る赤血球よりはるかに小さいソマチッドという極小の生命体の存在を確認しました。

ソマチッドの大きさは0・3～50ナノメートルです。1ナノは100万分の1ミリですから、8ミクロン（1000分の8ミリ）の大きさの赤血球の1000分の1前後という極小の大きさです。ウイルスよりはるかに小さい存在なのです。

このソマチッドは、人体はもちろん、動物、植物の樹液、鉱物からも発見されています。そして、ソマチッドは永遠不滅とも言うべき有機体であることがネサンの実験でわかっています。さらにネサンは、ソマチッドは遺伝子DNAの前駆物質でもあり、遺伝子情報を持っているとも述べています。

ネサンによると、ソマチッドは5万レム（放射線の生物学的効果を考慮した場合の吸収線量を表わす単位）の強力な放射線を照射しても死ぬどころか、さらに元気になります。1000℃以上の高熱でも死なず、紫外線を当てても、強烈な酸につけても、強力な遠心分離機にかけても死にません。抗生物質もまったく効かず生長し続けました。

それほど強い生命体であるはずなのに、ソマチッドは環境が悪化するとケイ素の殻で身を包んで閉じこもり、クリスタルのように固まってしまうというのです。この殻はダイヤモンドカッターでも切れないほど硬く、たとえば人間が死んで火葬されても、灰の中で生き続け死ぬことはありません。ふたたび水に溶け出し、土の中でも何千年も何万年も何億年も生き続けています。

たまたま植物の根っこなどから吸収され、その植物を人間が食べることで人体に取り込まれます。

☆シュバイツアー博士もソマチッドの存在に気づいていた

ソマチッドは太陽エネルギーを受けて賦活化《ふかつか》することや、人体内ではポジティブな感情や意識に共鳴し活性化することも報告されています。逆に、ネガティブな感情や自己中心的な意識下では不活性になるといいます。どうもソマチッドそのものが、宇宙の肯定的な意識を持つ意識体としての生命体のようなのです。

じつは、あのシュバイツアー博士が、ガストン・ネサン以前にソマチッドの存在を予見する記録を博士の文献の中に記しています。

「われわれ人間が肯定的な考えや否定的な考えをもつことにより、体内に存在する極小生命体も明らかに変化する。また、ある検体を観察する際、その検体に対して肯定的な感情をもって接すると、その中に含まれる微小生命体も明るく輝く」

さらに、ガストン・ネサン以前に、ソマチッドという超極小生命体を突き止めていた学者が米国にいました。1930年代に米国で活躍したロイヤル・レイモンド・ライフ博士です。博士は、3万倍以上に拡大できる顕微鏡を独自に開発し、生体や血液中に極小生命体が存在することを発見しました。

しかも、ライフ博士はこの極小生命体が活性化する装置を開発し、末期ガン患者16人全員を治してしまいました。「血液中に赤血球の100分の1という極小の物質が大量に出てくると、ガンをはじめ、さまざまな病気が治る」ことを発見したのです。

博士はこのことを医学雑誌に発表しましたが、あまりに突飛すぎて、当時の医学会から完全に黙殺されてしまいました。

他にもドイツやフランスで、ソマチッドの存在に気づいている生物学者たちがいたといわれます。

☆ソマチッドは遺伝子情報をもっている

ネサンの発見で画期的だったのは、「ソマチッドはDNAの前駆物質であり、意志や知性を持っている」ことを明らかにしたことです。

20年前から、1000件以上の動植物や鉱石の中のソマチッドについて研究している東《あずま》学《まなぶ》工学博士は、ネサンの研究をさらに発展させました。東博士がたどり着いた結論は、「動植物や鉱石など地球上のあらゆる生命体には、永遠不滅の生命体ソマチッドが関与しており、生命にエネルギーを与えているのはこのソマチッドに他ならない」ということです。

さらに、太陽光などの赤外線がソマチッドに照射されると、ソマチッドを抱き込んでいる殻を構成しているケイ素原子からマイナス電子のエネルギーが照射されます。この電子エネルギーは体細胞や白血球、赤血球、リンパ球などを活性化するので、生命力が高まり、自然治癒力が増大するといいます。

これまでの研究を総合しますと、ソマチッドは生体内が酸化したり、ネガティブ感情に支配されたりすると、ケイ素で身を包み閉じこもってしまいます。そのまま尿中から排泄され、体外に出ていってしまうこともあります。

健康な人の血液では、数多くのソマチッドが認められ、位相差顕微鏡で見ると、血中にびっしりうごめいていることがわかります。ソマチッドが赤血球の膜を簡単に通過することもわかっています。ソマチッドは太陽光や遠赤外線、マイナス電子、光の粒子（フォトン）、気のエネルギー、放射線を浴びると活性化することもわかっています。

ソマチッドは超極小生命体ですが、細胞のような核はなくＤＮＡもありませんが、遺伝子情報をもっているため、ＤＮＡの前駆体として細胞のＤＮＡ形成に関与しているのではないかと考えられています。

ネサンやシュバイツアー博士が考えたように、ソマチッドは人間の意識や感情にデリケートに反応して活性化したり、不活性化したりすることは先述したとおりです。

ガン細胞に対しては、ソマチッドがガン細胞に正常な情報を与え、本来の細胞に戻す働きをすると考えられています。

ソマチッドはＤＮＡの前駆体であると述べましたが、このことはすべての細胞が赤血球から作られることを示しています。これは、学会を二分するほど激論が交わされた「腸管造血説」「赤血球分化説」（生物学者で岐阜大学教授だった千島喜久男医学博士が説いた）の正当性を裏付けることになります。

それまでは細胞の繁殖は細胞分裂によるという考えが定説でしたが、千島博士は１９４０年、すべての細胞は赤血球から分化して生まれるという「赤血球分化説」を唱えました。当時は、とんでもないと否定されましたが、ソマチッドの存在を前提にすれば、「赤血球分化説」が正しいことになるでしょう。

☆NASAがもっとも深くソマチッド研究を行なっている！

今から27年前（平成3年）、長年NASAで研究活動をしていたある日本人科学者が帰国後に発表した文献があります。そこにソマチッドについて次のように記しています。

「気（宇宙エネルギー）を放射すると、細胞核膜内のDNAの周辺に存在する極小粒子がキラキラ光り輝きだす。まるで眠っている遺伝子のスイッチが目覚めたかのように。そして、細胞の活性化と長寿をもたらすかのように」

このことはNASAに所属している間は発表できず、NASAを離れ帰国して初めて発表するにいたったと述べています。この科学者は「ソマチッド」という名称は使わず、気（宇宙エネルギー）に反応する不思議な小さな生命体としか表現していませんが、明らかにソマチッドの存在を指摘していると考えて間違いないでしょう。

私がこの文献を読んだ当時、ソマチッドのことを十分理解していなかったため、真意をつかむことはできませんでした。しかし、今になって思えば、NASAがソマチッドの研究を秘密裏に進めているということを伝えていたのです。

☆生命力の源はソマチッドにあった

私は、あまりの疲労で体力が低下したときは、丹田呼吸で気のエネルギーを充填するようにしています。

年中、土日祝日とその前後は、セミナーを全国主要都市で主催し、朝10時から夕方7時まで（ときには夜10時まで）座ることもなく、立ちっぱなしで講演し続けています。マイクは使いません。年間で160日は、このようなセミナーを行なっていますが、まったく疲れません。

丹田発声で講義をし続けていると、空間の気のエネルギーに満たされるため疲れを感じません。背骨の基底部（基底チャクラ）からエネルギーが湧き上がり、背骨に沿ってエネルギーが上昇し、全身がエネルギーに満たされます。

以前の私の基礎体温は36・5℃でしたが、丹田発声で講義を行なうようになったころから37℃まで上昇し、赤ちゃんと同じ基礎体温になりました。なぜ、丹田呼吸や丹田発声を続けていると、このようなことが起こるのか、ずっと不思議でなりませんでした。

人体内でエネルギーを作り出し体温を維持しているのは細胞内にあるミトコンドリア系

のエンジンですが、もう一つ気のエネルギーを作り出しているエンジンがあるのではないかと私は考えてきました。しかし、そのメカニズムは長年、謎のままでした。

それが、ソマチッドの存在を知るにおよんで、私の基礎体温を上昇させている本当の秘密が明らかになってきたのです。

私が丹田呼吸や丹田発声で気のエネルギーを体内に充満させると、体内のソマチッドが活性化し蠢動します。実際、ソマチッドの研究者である波多野昇氏に位相差顕微鏡で私の血液を観察してもらうと、血液中のソマチッドは他の人と比べて非常に多く、そのソマチッドが赤血球の中から頻繁に現われては蠢動しています。

ソマチッドが蠢動するとマイナス電子が発生しますが、その電子がミトコンドリアに供給されるとミトコンドリアはより多くのエネルギー（ＡＴＰ）を生産します。そのエネルギーによって基礎体温が上昇しますし、数日間連続して終日セミナーをこなしても奇跡的に短時間で疲労回復できるようになります。

これがソマチッドを中心にした私の理解です。

私は以前から有酸素運動を中心に体を鍛えています。体脂肪率は６・２％で細身筋肉質です。それは、ミトコンドリアによるエネルギーの生産効率がいいからだと考えていました。

それは確かなのですが、私が一日一食未満の小食でも十分パワフルに活動できる最大の理由は、ソマチッドが活性化し、ミトコンドリアによるエネルギーの生産効率がより高まっていることにあります。

もうひとつ、私の体内のソマチッドを増やしているのが、長年愛飲している手作り酵素です。私は17年間にわたり、朝昼夜と手作り酵素を愛飲しています。55種類の野草で作る手作り野草酵素や、10種類の無農薬材料で作る梅酵素、50種類の無農薬材料で作る秋酵素などを自ら作って飲んでいます。

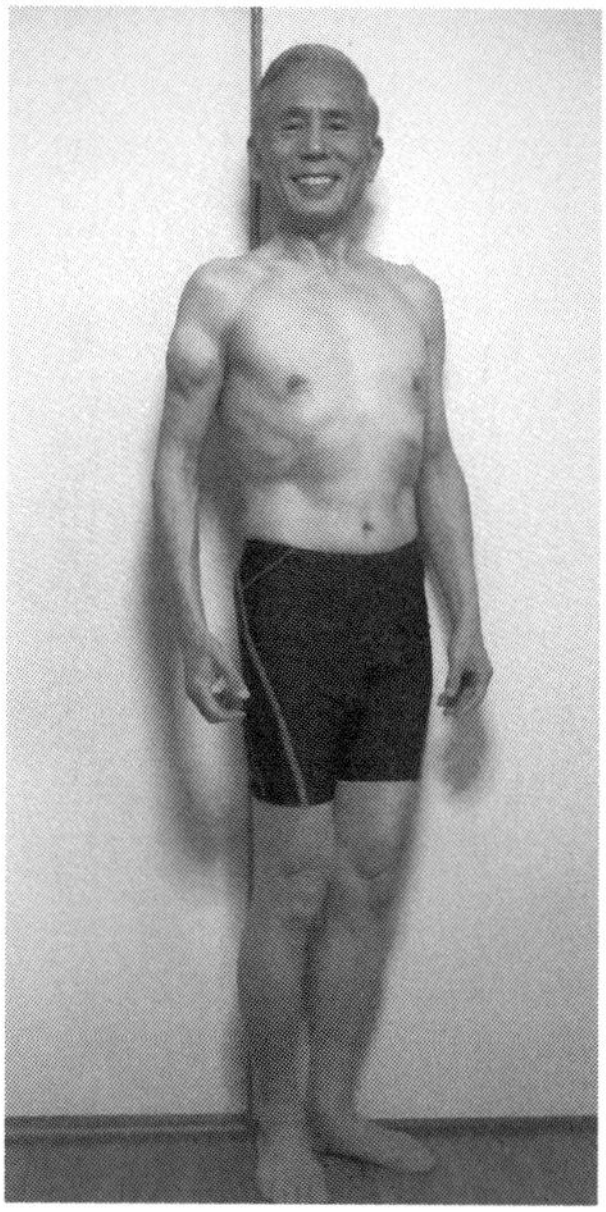

健康体を維持している著者

この酵素にはソマチッドがたくさん存在しています。

☆木曽ヒノキには世界一大量に原始ソマチッドが含まれている

ＭＯＲＩ ＡＩＲを寝室に置き、森の香り精油を漂わせることで脳がリラックスし気持ちよく眠ることができますが、いちばんの効果は睡眠中に免疫力がグーンとアップすることです。

ＭＯＲＩ ＡＩＲは、森の香り精油をナノレベルの超微粒子にして室内空間に漂わせます。すると、精油の中に豊富に含まれる原始ソマチッドが肺に入り、酸素と共に全身の細胞を巡ります。皮膚からも直接細胞に浸透することも含めて体内に取り込まれた原始ソマチッドが免疫力を高めていると考えられます。

森の香り精油は、伊勢神宮の式年遷宮に使われる御嶽山中腹の標高１５００メートル付近の木曽ヒノキをメインに35種類の樹木（樹齢数百年から１０００年の針葉樹）から抽出されます。この精油には原始ソマチッドがたくさん含まれていることは先述したとおりです。

木曽の御嶽山の山頂周辺には数億年以上前にマグマが冷えて固まった花崗岩があります。そこに雨が降ると、水が何年、何十年とかけて地下深くにまで浸透し、花崗岩に含まれる

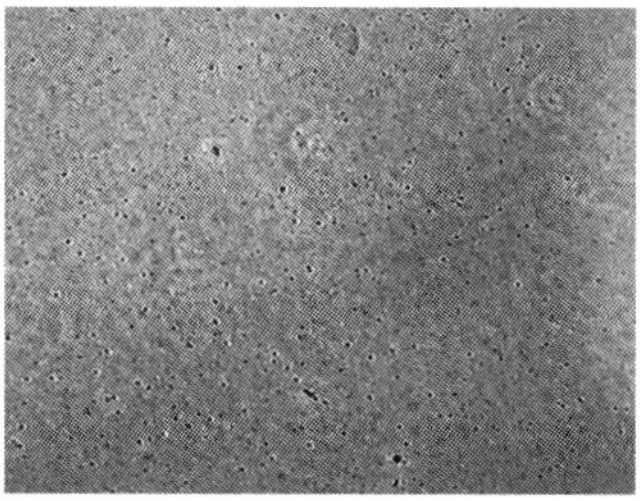

森の香り精油に含まれる原始ソマチッド。位相差顕微鏡1000倍画像

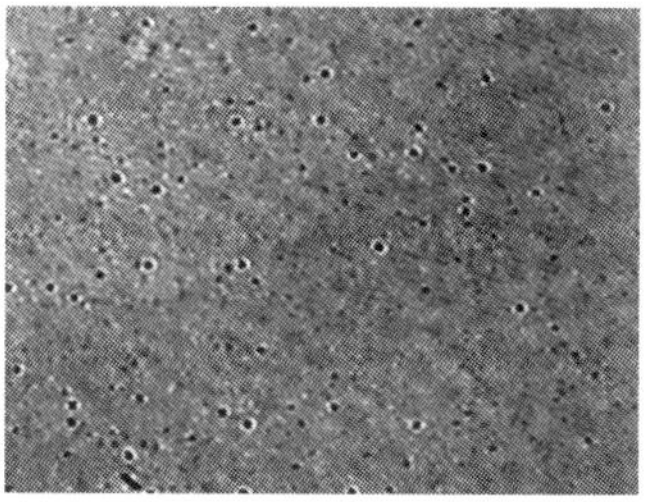

位相差顕微鏡2000倍画像

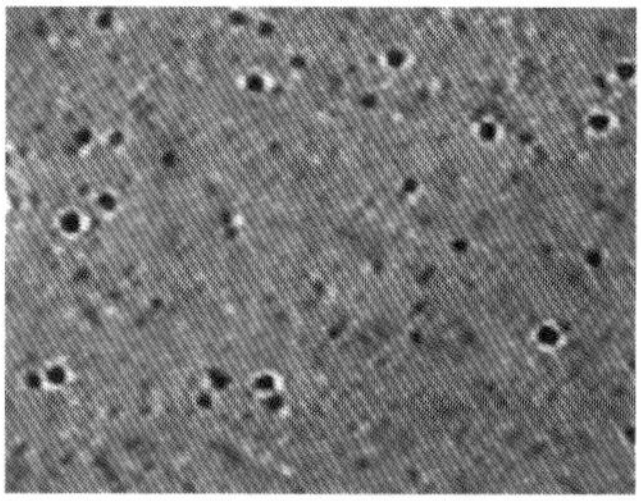

位相差顕微鏡4000倍画像

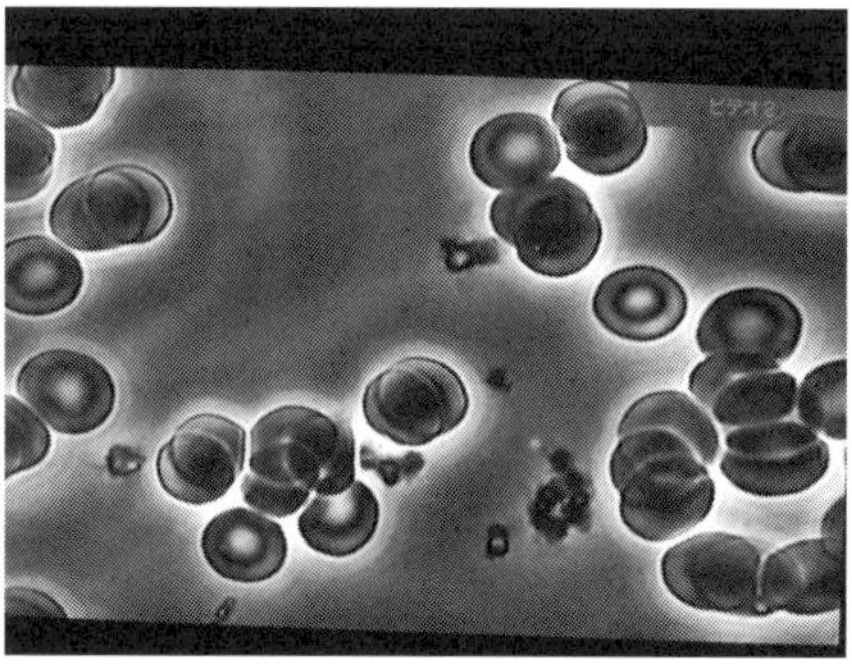

「MORI AIR」で森の香り精油を空間に拡散しながら5分間吸引し、その直後の血液を顕微鏡で観察すると、原始ソマチッドが大量に映し出される（4000倍画像）

原始ソマチッドを大量に含んだ地下水になります。その地下水を吸い上げて生育する天然木は原始ソマチッドをもっているため1000年、1500年と長生きできるのです。人間でたとえれば、1000歳以上でしょう。

一方、植樹の多い民有林の樹木はヒノキでも寿命が100年から150年と短いいちばんの理由は、樹木がもっているソマチッドのエネルギーが小さいことにあります。樹齢1000年以上のものもある木曾ヒノキの原始ソマチッドのエネルギーは、その数倍から10倍も大きいのです。原始ソマチッドの量も、天然木のほうがはるかに大きいのです。

位相顕微鏡の画像を倍率を上げて見ていくと、原始ソマチッドが激しく蠢動している様子がよくわかります。

☆丹田呼吸でもソマチッドが活性化!

次頁の写真は、5分間の丹田呼吸を行なった後のソマチッドの様子です。

赤血球は完全にバラバラになり、ソマチッドが激しく蠢動しているのがわかります。8000倍に拡大した写真（下）を見ると、赤血球の外側にソマチッドが大量にくっついて

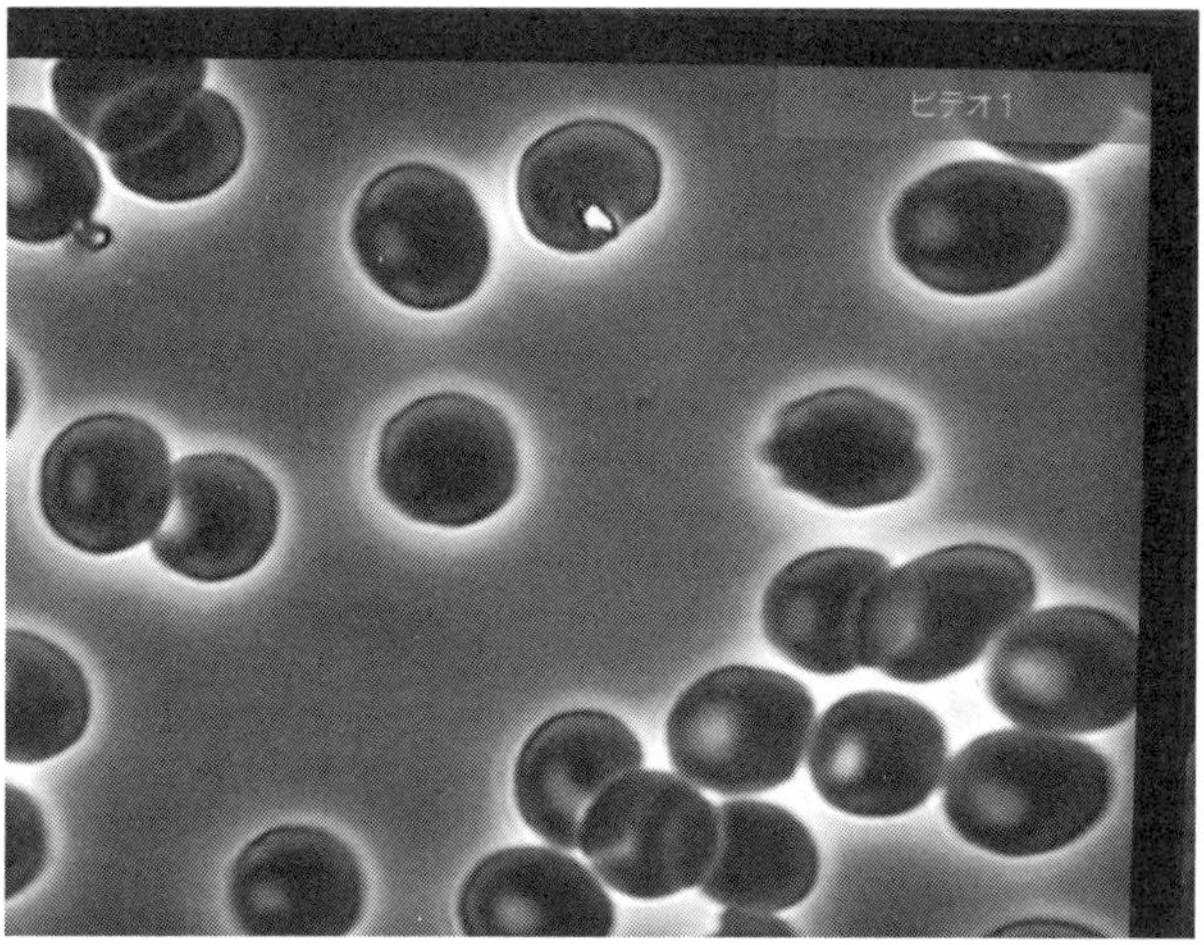

５分間丹田呼吸を行なった後のソマチッド（4000倍画像）

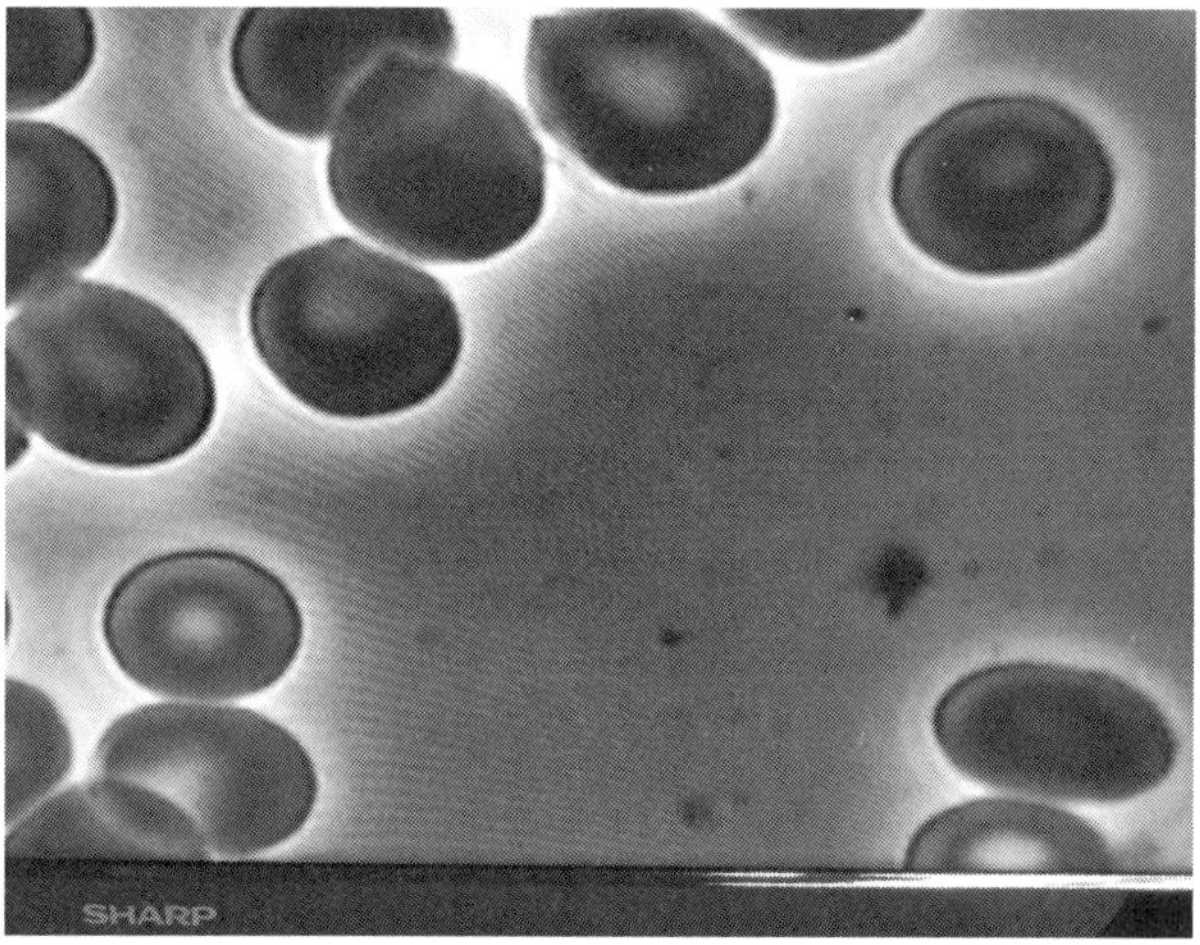

8000倍拡大画像。ソマチッドが大量にくっついている

いることがわかります。

これは先述したように、丹田呼吸をすることで気のエネルギーが体内に充満し、それによってソマチッドが活性化して蠢動するからです。この丹田呼吸にＭＯＲＩ ＡＩＲの香り精油を組み合わせれば、ソマチッドをもっと活性化でき、グーンと免疫力を上げることができます。

☆ソマチッドを発見したガストン・ネサンの免疫強化剤「714X」

この章の最後に、ソマチッドの発見者であるガストン・ネサンについて、もう少し触れておくことにします。

ネサンは、アジアのクスノキの樹液（樟脳）にミネラル塩と18種類の微量元素を加えて配合した免疫強化剤「７１４Ｘ」を開発しました。これを１０００人の末期ガン患者にリンパ腺注射してガン治療を行ないました。

その結果は、なんと50％の人たちが3週間で完治し、25％の人たちは痛みが緩和したり延命効果が見られたりしました。有効率が75％という驚くべき効果が認められたといいます。

もし、これらのガン患者が西洋医学による抗ガン剤治療とガン手術、放射線の3大ガン治療を受けていたら、完治や緩和の効果を得られた人たちはわずかしかいなかったでしょう。

ところが、この「714X」は医薬品とは認可されず、医師免許を更新していなかったネサンは薬事法と医師法違反に問われました。高額な手術や抗がん剤、放射線治療を優先する現代医療側から見ると、ネサンの免疫強化剤はあまりに格安で簡単なものだったから脅威だったのでしょう。

「714X」は、医師会や製薬業界の既得権益を阻害すると決めつけ、フランス医師会はネサンを国外追放しました。ネサンはやむなく、フランス語圏であるカナダのケベック州に移住しましたが、そのときネサンはすでに40歳でした。

移住先のカナダでも714X（免疫強化剤）で多くのガン患者を治しましたが、カナダの厚生省・医師会・製薬会社によって弾圧裁判を受け、1989年5月に逮捕されて一カ月間独房生活を強いられ、終身刑を言い渡されます。しかし、世界中の仲間の医師や救われた患者たちが立ち上がり、無罪を勝ち取ることができました。

ネサンが開発したガン細胞を消す免疫強化剤「７１４X」の成分は、クスノキの樹液である樟脳にミネラル塩、18種類の微量元素を加えたものです。その最大の秘訣は、クスノキの樹液に含まれる大量の古代ソマチッドにあります。さらに、ミネラル塩や18種類の微量元素はミトコンドリアの代謝活動を促進し、細胞を活性化させ免疫力を高める働きをするものと思われます。

ガン細胞は、ミトコンドリアの働きが不活性になり、解糖系中心の細胞へと先祖返りすることで延命しようとするプロセスで発生します。そもそもガン細胞は、有毒物質を出すなどして人間に死をもたらすのではありません。10年、20年かけて増殖し、臓器や器官に機能障害を起こし、臓器不全に陥れて死をもたらします。

しかし、ガンの発生から死に至るまでの間に、ガンの原因になる生き方（精神的ストレス、肉体的ストレス）や食生活（動物性タンパク質や悪い脂などの摂りすぎ）、DNAを傷つける各種の化学物質の摂取などを改善してガンの根本原因を取り除けば、進行を止めることができます。さらに、ソマチッドを活性化すれば、ガン細胞が消えて健康な身体へ回復できます。

ミトコンドリアが効率よくエネルギーを生産するためには、①小食、②深い呼吸（丹田呼吸）による十分な酸素、③マイナス電子、④酵素、⑤補酵素（ミネラル、ビタミン）、⑥ケイ素を整えることが必要です。

このなかで、とくにミトコンドリアのエネルギー生産に欠かせないのがマイナス電子です。そのマイナス電子の供給にもっとも適しているのが、ポリフェノールやβカロチンなどの抗酸化物質（フィトケミカル）に多く含まれている水素です。水素水はじめ水素イオンが多い還元水（活性水）もその一つです。

じつは水素原子の14倍のマイナス電子をもつ原子が珪素（ケイ素）です。ガストン・ネサンが発見した超極小生命体ソマチッドの主要な構成成分は珪素です。古代ソマチッドや原始ソマチッドは、珪素の殻の中で数十個、数百個の固まりになって休眠しています。ところが、水素イオン濃度の高い水に触れると、珪素の殻から飛び出して水の中で泳ぐように活発に動き出すのです。

先に述べたように、木曾の御嶽山の中腹に育つ木曾ヒノキは、火成岩（花崗岩など）に数億年もの間眠っていた原始ソマチッドが大量に含まれる地下水を地下深く張った根っこから吸収して生きています。植樹の樹木が多い民有林のヒノキとはパワーに桁違いの差があります。

ガストン・ネサンが開発した免疫強化剤「714X」の主成分はアジアのクスノキの樹液ですが、これには古代ソマチッドが大量に入っています。原始ソマチッドよりエネルギーは低いですが、それでもマイナス電子をミトコンドリアに供給して活性化させます。また、「714X」に含まれるミネラル塩や18種類の微量元素は補酵素としてミトコンドリアを活性化させます。

MORI AIRの専用液である森の香り精油は、原始ソマチッドを大量に含む天然木の木曽ヒノキや青森ヒバを中心に日本中の35種類もの樹木から抽出されています。その意味では、「714X」をさらにパワーアップしたものともいえます。

さらに、「714X」に含まれるミネラル塩と18種類の微量原素は、大自然の素材で作る手作り酵素を森の香り精油と組み合わせることでまかなえます。つまり、森の香り精油と手づくり酵素を組み合わせることで、「714X」以上に免疫力強化を図ることができるのです。

3章

森の香り精油との出会いで身体が変わった

☆風邪やインフルエンザを治す医薬品は存在しない

風邪は風邪ウイルス、インフルエンザはインフルエンザウイルスによる感染が原因です。ところが残念ながら、こうしたウイルスそのものを退治できる医薬品（風邪薬）は世の中に一つもありません。

それは、風邪ウイルスやインフルエンザウイルスを退治しているのは身体に備わっている免疫力だからです。たとえばウイルスを吸引しても、風邪やインフルエンザを発症する人としない人がいます。その違いは、一人一人の免疫力の強さに差があるからです。

田舎に住む私の父母は、毎年数回は仲良く風邪を引いていました。ところが、母77歳、父80歳から手作りの酵素を毎食時に飲み、さらに食事を改善してからは、引いても年一回くらいに減少しました。

そして、現在は一人暮らしになった93歳の父が「ＭＯＲＩ ＡＩＲ」で森の香り精油を睡眠中にいっぱい吸い込みながら眠るようになってからは、まったく風邪を引かなくなりました。

その最大の理由は、免疫力が高まったからだと思います。

私についていえば、これまで19年間、風邪を引いたことがありません。それ以前、49歳までの私は体脂肪率27％のメタボ体型で、毎年年末になると風邪を引いて高熱を出し、一週間近く寝込んでいました。

その頃は、全国の企業若手経営者や幹部教育のために飛び回っていて、月の半分くらいはホテル住まいでした。仕事柄ちょっと高熱が出たくらいでは休めず、一年を通してかなり無理をしていたため、年末になると蓄積した疲労で免疫力が低下してしまい風邪を引きやすくなっていたのでしょう。

このままではいけないと、それまでの生活を思いっきり切り替えました。筋力トレーニングと食の改善はもちろん、手作り酵素、そして丹田呼吸法、そしてＭＯＲＩ ＡＩＲによる森の香り精油の吸引を取り入れていきました。その結果、肉体改造に成功し、現在（２０１９年・68歳）の体脂肪は６・２％で、この19年間まったく風邪を引いていません。

年間延べ１２００名ほどが参加するセミナーの講師をしていますから、接する人の数は一般の方よりかなり多いですし、その中には風邪の人もいます。しかし、ウイルスに感染することなく、年間４０００時間以上（一般的な平均労働時間の２倍）働き元気に過ごしています。

免疫力を高めるには質の高い睡眠がいちばんです。それにはいろんな工夫が必要ですが、MORI AIRで森の香り精油を寝室空間に満たして吸い込みながら寝るのがもっとも効果的な方法です。こうすると、ぐっすりと眠ることができますし、朝はスッキリと目覚めます。しかも、眠りながら免疫力がグーンと強化されています。

森の香り精油にはフィトンチッドパワー（抗ウイルス・殺菌・消臭）とアロマテラピーパワー（癒し・精神安定）と原始ソマチッドパワー（最強の免疫力・生命力）という三大パワーがあることは先に述べたとおりですが、なかでも特筆すべきは原始ソマチッドパワーによる免疫力アップと生命力アップです。

さらに、この森の香り精油に丹田呼吸を組み合わせると、最高レベルにまで免疫力を高められることは、私自身の体験からも明らかです。

私は毎日、1分間の呼吸回数（健康な一般成人の平均呼吸回数は1分間で16〜18回）を2〜3回にする「丹田呼吸」を10分以上ベッドで行ないます。これで、先ほど述べたように19年間風邪知らずですし、1日の活動時間も一般の人の2倍です。

しかも、食事は1日1食未満で、睡眠時間も平均（日本人の平均睡眠時間は7時間43分OECD）よりかなり少なめで6時間前後です。それでも病気になることなく元気で過ごせています。

☆免疫力アップで身体が劇的変化！

じつは、他の人が森の香り精油や丹田呼吸を利用することで、私と同じような体験をされる方が増えています。その一部を紹介します。

肺炎だった97歳の母が森の香り精油で元気に！

安永範孝さん（福岡県）

97歳の母が今年（平成29年）の5月2日に脳梗塞で倒れ、市民病院へ入院しました。左半身がマヒし、入院治療のため6月13日に別の病院へ転院しました。

その後、二度肺炎にかかりましたが、その度に1カ月間ほどでなんとか回復しました。ところが10月29日に再々度、肺炎にかかったとき、医師から「今回は厳しいですよ！」と言われました。

母は、食事ができず点滴と酸素マスク状態でした。私は森の香り精油が役に立つかもしれないと思い、ＭＯＲＩ ＡＩＲを病室に置いて森の香り精油を毎日1時間、吸入できるようにしてみました。実際には90秒噴霧して5秒ストップというサイクルで1時間です。酸素マスク近くにＭＯＲＩ ＡＩＲを近づけたり、ときには酸素マスク内にＭＯＲＩ ＡＩＲのチューブを差し込んだりしました。

そうしていると、ゼイゼイと荒かった母の息が穏やかで楽な呼吸になっていきました。血液もきれいになったようで、医師が驚いていました。2週間ほど経ったころには、38・8度あった高熱が下がり、肺炎はほぼ回復していました。4週間後には酸素マスクをはずすことができ、呼吸は普通の状態に戻りました。

不眠が解消した！

女性（38歳・会社員・東京都）

職場での人間関係のストレスがひどくなり、夜眠れない日が多くなっていきました。たとえ眠れても、夜中に目が覚め、そのまま眠れずに朝になってしまいます。

ヒノキの香りがヒーリング（癒し）に良いと聞いていたので、寝室にＭＯＲＩ ＡＩＲを設置して森の香り精油を噴霧することに。噴霧時間を長めに設定して使いはじめたところ、その日の夜から気持ちよくすっと眠れるようになりました。

少し鼻炎アレルギーもあったのですが、噴霧中に鼻を近づけ数分間吸い込むと、鼻がスッキリとし頭もスッキリするので助かっています。今年は花粉症もほとんど出ないまま過ごすことができました。

乳ガンが完全に消滅していた！

女性（48歳・主婦・東京都）

4年前に乳ガンの摘出手術を受けました。ところが再発してしまい、再度手術を受けるようにと医師からすすめられました。でも、そのときは手術せずに治す方法を模索していました。

たまたま、友人のすすめで松井先生のセミナーに参加する機会があり、気づかされることがありました。「ガンは恐くない！　逆に自分の考え方や生活習慣を根本から考え直すきっかけを与えてくれるものだ！」と。ほんとうに目からうろこが落ちるような体験でした。

それからは、ストレスを抱えやすい生活習慣や食生活の改善を心がけ、同時に免疫力を高めることができそうなことは何でも取り組みました。その一つとして、ＭＯＲＩ ＡＩＲを設置して森の香り精油を寝室に拡散させながら寝ると、ぐっすり眠ることができるようになりました。手づくり酵素も摂ることにしました。

それからしばらくして医者で診てもらったところ、ガンの進行が止まっていると言われたのです。それからは腫瘍マーカーの数値がどんどん下がり、３カ月後には完全に消滅してしまいました。

今は、夜しっかり眠ることができますし、朝は気持ちよく起きられます。風邪も引かなくなって、免疫力がグーンと上がっていると感じています。

家族全員がインフルエンザにかからなくなった

吉村みどりさん（主婦・大阪府）

昨年までは毎年、わが家の子どもたち（小学生）の誰かがインフルエンザにかかり、１

週間くらい学校を休んでいました。ついでに私までインフルエンザにかかってしまうことがよくありました。

家族の免疫力が下がっているのかもしれないと思い、寝室にMORI AIRを置いて森の香り精油を漂わせながら寝ることにしました。すると、その年の冬は、わが家の子どもたちのクラスでインフルエンザが流行っていても、誰もインフルエンザにかかりませんでした。

学校から帰宅して、今日はちょっとおとなしいな、ひょっとしてと思う日でも、朝起きたらケロッと元気になっています。おかげで私もインフルエンザにかからず、職場に迷惑をかけずに済むので助かっています。

森の香り精油を眠りながら吸引していると、インフルエンザや風邪のウイルスを殺してしまうのではないかと思います。

じつは、私は毎年3月になると花粉症で床に入っても目のかゆみや鼻水で眠れず、憂鬱な毎日でした。ところが、今年はまったく症状が出てきません。おかげでぐっすり眠れますし、朝はスッキリ起きることができます。昨年までの花粉症が嘘のようです。

とくに仕事と家事で疲れたときは、寝る前にMORI AIRの吹き出し口に鼻を近づけて数分間思い切り吸い込むようにしています。こうすると、よく眠れますし、朝はスッキリと起きられます。

社員の花粉症が軽減し、仕事のミスやポカが激減した！

松本敏郎さん（会社経営・愛知県）

1年間、自宅の寝室でＭＯＲＩ ＡＩＲを使ってみたところ、風邪を引かなくなりました、何より夜ぐっすり眠れて、朝はすっきりと起きられます。身体が快調で仕事に集中することもできます。本当に免疫力アップしていることを実感します。

昨年暮れから、私の会社の20坪程の事務室にもＭＯＲＩ ＡＩＲを設置し、就業時間はフルに作動（10時間）させています。すると、20代と30代の若い社員の半数近くが毎年３月から４月の初めまで花粉症で集中力が下がり、ミスやポカが目立っていたのが、驚くほど激減したのです。風邪やインフルエンザで休むこともまったくなくなりました。

田舎暮らしの91歳の父と88歳の母が風邪を引かなくなった

近藤みゆきさん（主婦・愛知県）

田舎の高齢の父（91歳）と母（88歳）は、まだ畑仕事をしながら二人暮らしをしています。

これまでは、年に2、3回は交代で風邪を引いて寝込んでいました。このままではいけないと思い、1年前にMORI AIRをプレゼントし、寝室に設置しました。すると、まったく風邪を引かなくなりました。父が「風邪かな？」と思う日があっても、翌朝起きたら元気になっていた、と母が言っていました。

離れて暮らしている娘としては、とても有難いことです。

風邪やインフルエンザが流行する冬の季節や、花粉症や鼻炎で悩まされる春の季節に、MORI AIRが寝室や子ども部屋、さらに会社のオフィスなどで大活躍したという話をよく聞きます。また、朝からスッキリ起きれて、体調がとてもいいという話はとても多いのです。

最大の要因は、森の香り精油の三大パワー、なかでも原始ソマチッドを吸い込むことで免疫力が高まるからだと思われます。それに関連する報告を二つ紹介します。

睡眠時間が4~5時間でもパワフルな毎日

札幌ミミテック教室「楽学の森」塾長　森脇啓江さん（55歳）

森脇さんの2017年4月当時の血液中のソマチッド量は平均な人と比べて数倍多くなっていました。当時、すでに学習塾兼住居のドーム型吹き抜け家屋30坪にMORI AIRを設置し、一日中室内を森の香り精油を満たしていたからです。食生活はその7年前から無農薬野菜にし、手づくり酵素も毎食後、愛飲していました。

毎日のスケジュールはかなりハードで、学習塾は夜9時に終了し、11時前後に就寝、早朝4時には起きて早起き会の活動をしていました。そのため、睡眠不足と少し貧血ぎみでしたが、風邪も引かず頑張っていました。

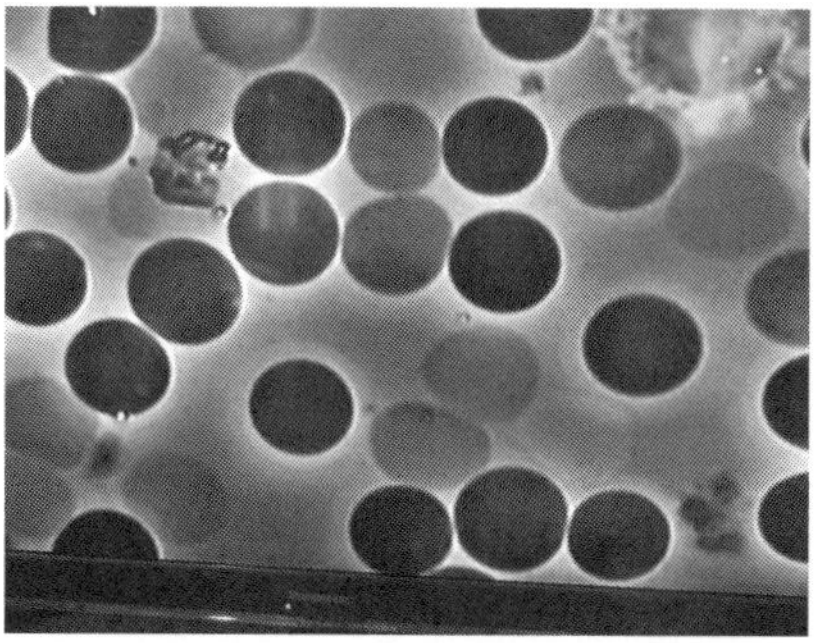

2017年4月16日の血液写真（4000倍）

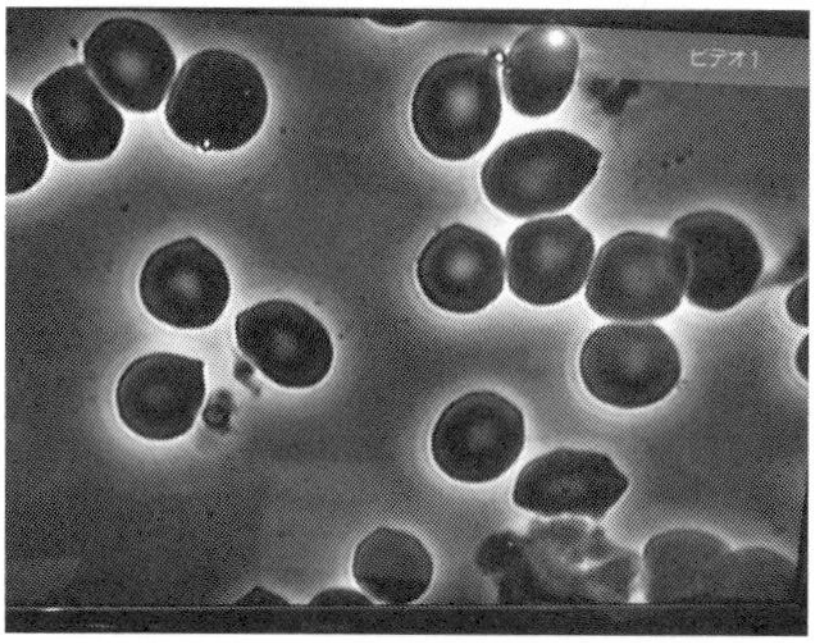

2018年7月8日の血液写真（4000倍）

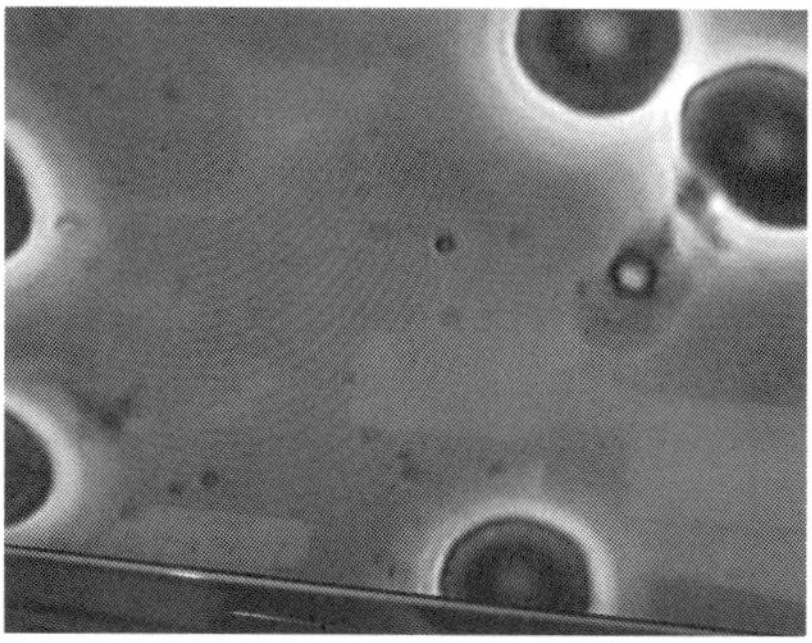

2018年7月8日の血液写真（8000倍）

途中から、森の香り精油の噴霧量を2倍にし、原始ソマチッドをもっと取り込めるようにしたり、原始ソマチッドが大量に入った「大地の精パウダー」を水に溶かし水素水生成器で水素水化して毎日飲んだりしました。大地の精については、この章の後半で説明しますが、北海道の日高山脈中の花崗斑岩（石英斑岩）を微粉末（パウダー）にしたもので、原始ソマチッドを大量に含んでいます。

その結果、血液中のソマチッドは驚くほど多くなっていました（前頁の写真真ん中・下）。相変わらず睡眠時間は4～5時間と少ないですが、貧血はなくなり、更年期症状もまったくないパワフルな毎日を過ごしています。

私の体中の原始ソマチッドが超大量に

筆者（松井・67歳）

2016年の当時、平均な人と比較して私のソマチッドは10倍前後、多く存在していました。これは、10数年前から毎日3回手づくり酵素を飲んできたことと、2年前からMORI AIRを寝室に設置して、原始ソマチッドを体内に吸引してきたからだと思います。

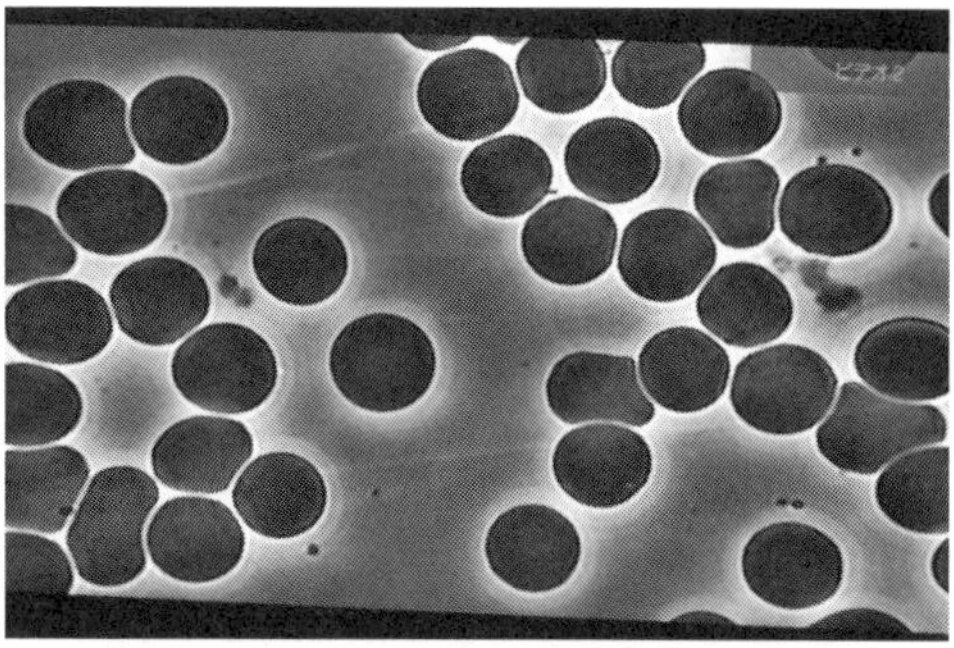

2016年11月28日の血液写真（4000倍）

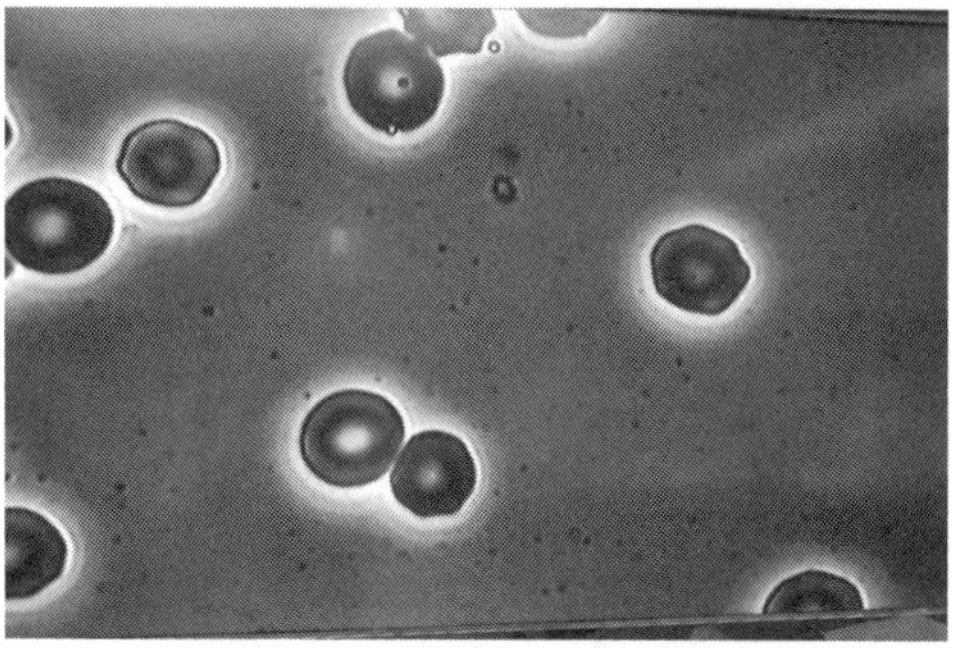

2017年7月1日の血液写真（4000倍）

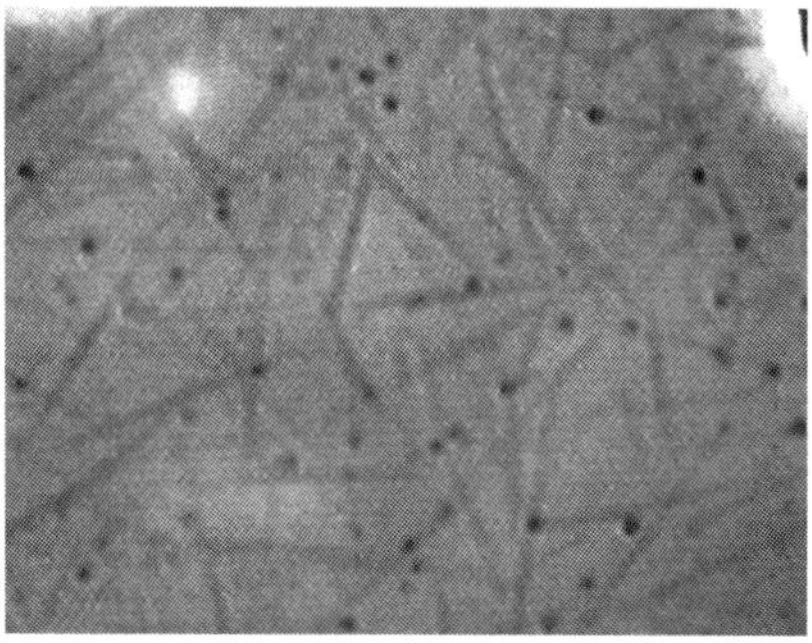

2017年7月1日の血液写真（12000倍）

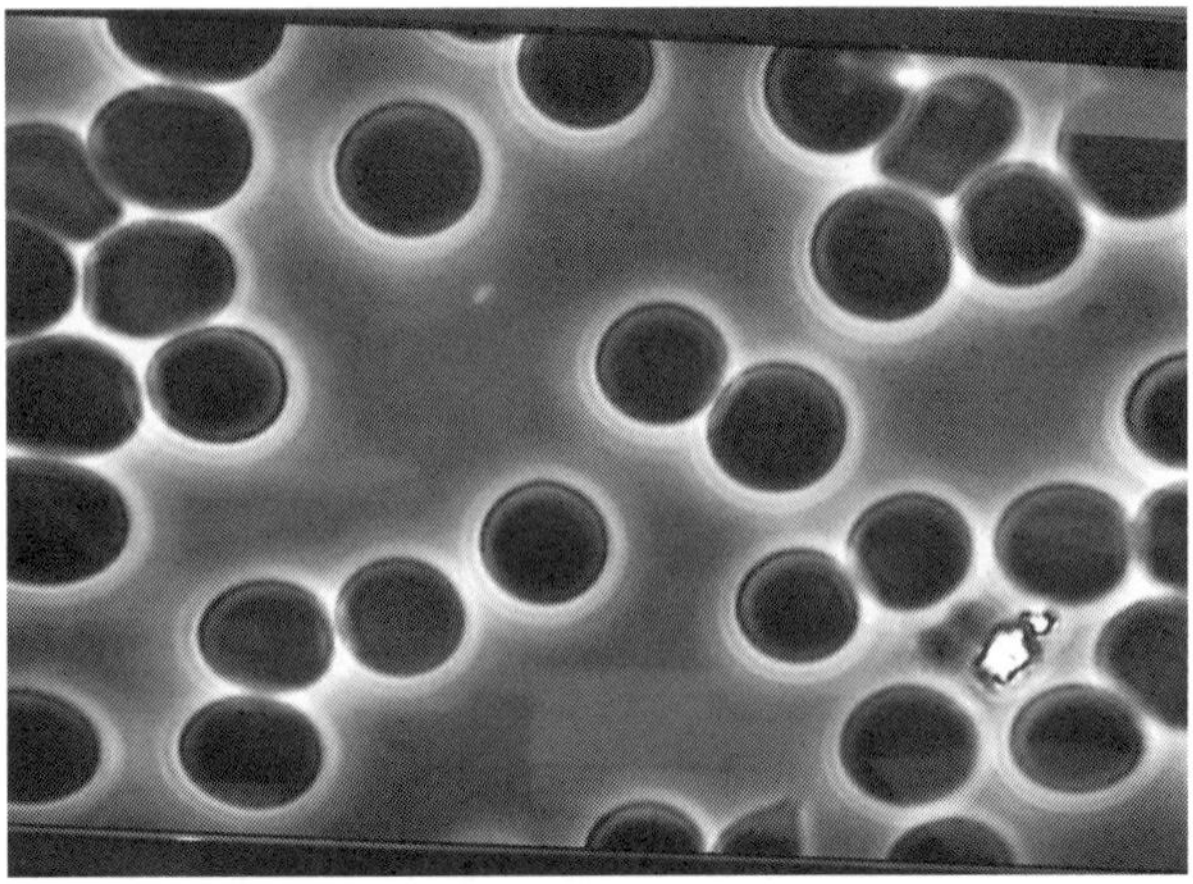

2018年7月8日の血液写真（4000倍）

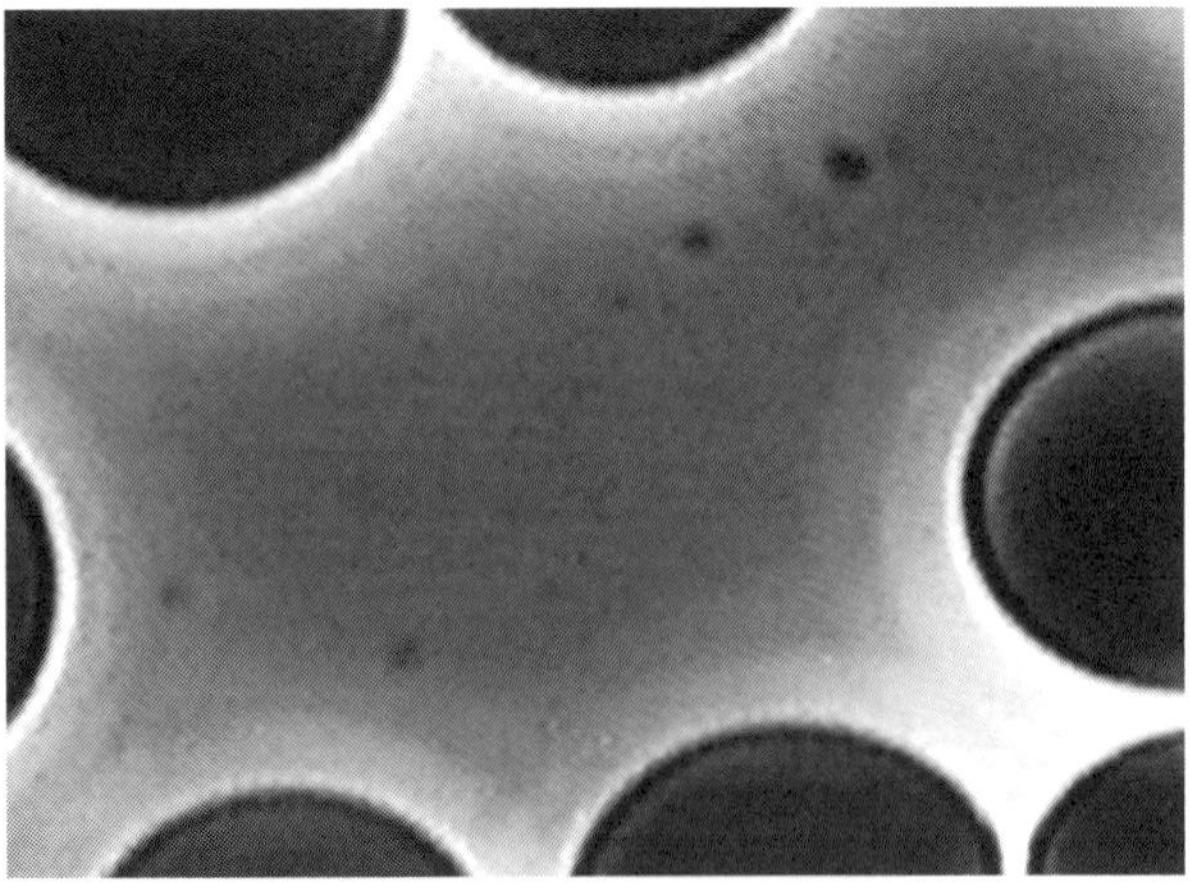

2018年7月8日の血液写真（10000倍）

さらに翌年2017年7月1日の血液写真では、筆者の血液中のソマチッドは赤ちゃんと同じくらい超大量に存在していることがわかります。これは、MORI AIRの噴霧量を2倍に増量して眠っていたからだと思われます。

2018年7月8日の血液の写真では画面に写り切らないほど、もっと多くの小さいソマチッドが増えていたのです。そのことは10000倍の動画で確認できました。

ソマチッドの大きさは、現代のソマチッドは1ナノメートル～50ナノメートル（100万分の1ミリ～100万分の50ミリ）ですが、数億年前にマグマが冷え固まった花崗岩などに含まれる原始ソマチッドは0・3ナノ（100万分の0・3ミリ）前後です。現代のソマチッドの数十分の一ほどの大きさしかありません。しかも、原始ソマチッドのほうが現代のソマチッドよりはるかにパワフルなのです。

そんな原始ソマチッドを多量に含む森の香り精油が漂う寝室でしっかり睡眠をとり、同じく原始ソマチッドを大量に含む大地の精パウダーを溶かして飲用していたことで、私の体中のソマチッドが超大量になったのだと思われます。

おかげで、全国で毎週セミナーの講師を続けることができています。また、野草酵素用の材料1000kg以上、梅酵素の材料3500kg以上を自ら収集し、全国へ発送するため

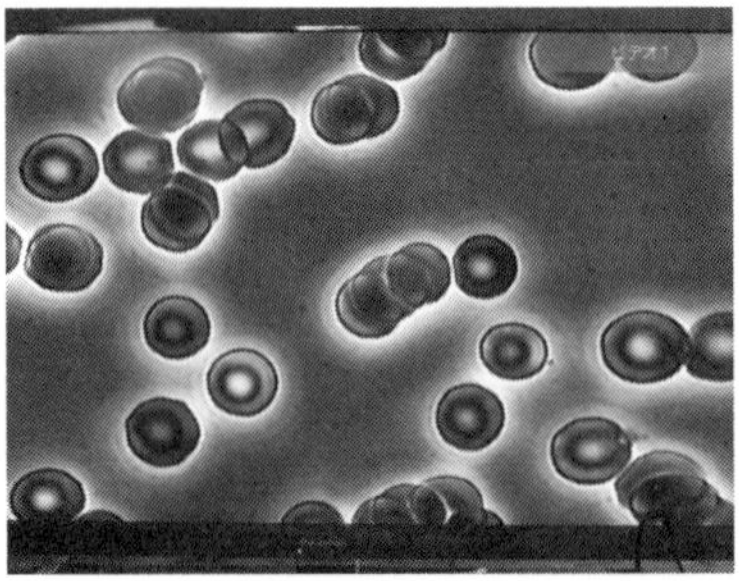

1歳8カ月の赤ちゃんの血液写真(4000倍)

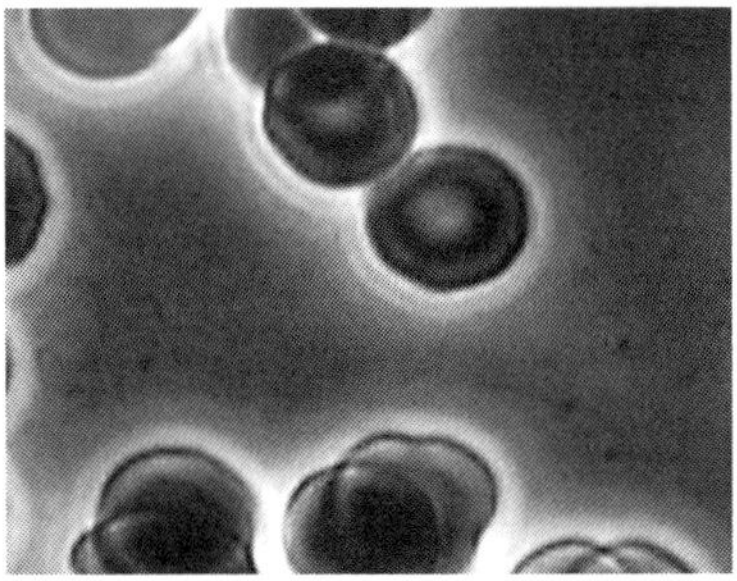

1歳8カ月の赤ちゃんの血液写真(8000倍)

に4月から7月中旬までの3カ月半は就寝が午前3時で睡眠時間4~5時間、毎日15時間の仕事を1日も欠かすことなくこなすことができています。

ちなみに、誰でも赤ちゃんのときは原始ソマチッドを超大量にもっています。上の写真は1歳8カ月の赤ちゃんの血液写真です。とくに8000倍に拡大して動画で観ると、画面内に数百~数千ものソマチッドが躍動していることが観察できました。

ソマチッドが赤ちゃんや幼児レベルで超大量に

大黒恒光さん（70歳・宮城県）

複数の会社を経営する大黒恒光さんは10年前、突然、血を吐いて倒れました。会社経営の多忙とお酒の飲み過ぎと食べ過ぎが原因でした。

そのころの通常の血圧は上が250で、下が150という尋常でない高血圧でした。血糖値も500と異常に高い数値でした。しかし、それでも日常の生活も仕事も普通にこなしていたといいます。医師からは、血圧降圧剤の服用と、血糖降下剤の服用をすすめられました。

大黒さんの最初の勤務先は、米国の外資系製薬メーカーの日本支社でした。長年働くうちに、石油でつくられている医薬品の副作用の危険性を知りました。しかも、慢性病にはまったく無力であり、一生薬漬けにされてしまうことがわかったので製薬メーカーを退職し、健康や環境にやさしい住宅関連の事業に取り組みました。

そんなこともあり、自分の身体の健康は医薬品を服用せずに取り戻そうと決意してはじ

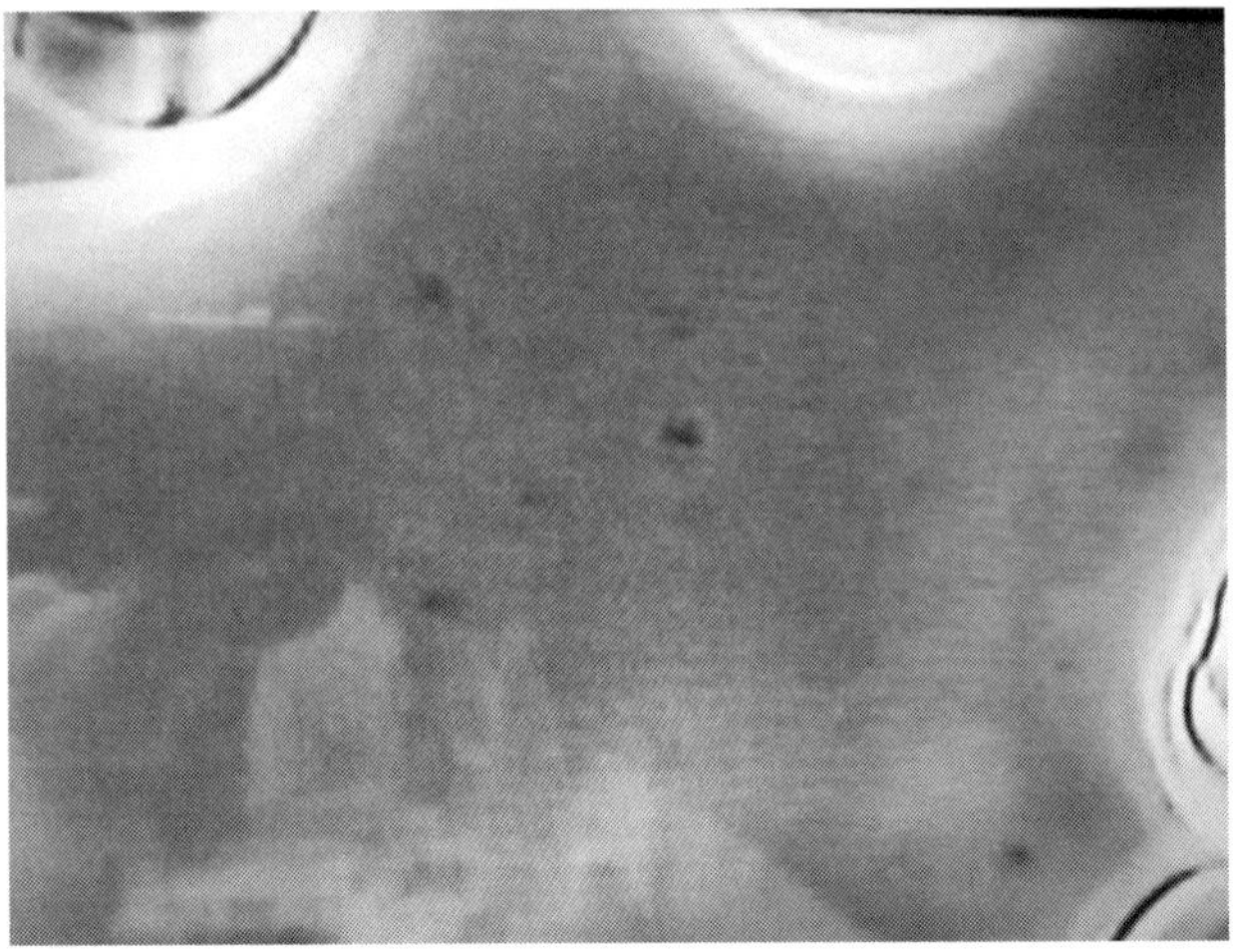

大黒恒光さんの血液写真（8000倍）

めたのが、放射線ホルミシス効果を利用する方法でした。放射線ホルミシス効果が期待できる温泉として有名なのが秋田県にある日本一のラジウム・ラドン温泉の玉川温泉です。全国からガンや糖尿病などさまざまな難病患者が毎日1000人以上宿泊して、1カ月〜2カ月逗留します。岩盤浴や温泉で治療します。とても有名で、予約は半年先までいっぱいという人気ぶりです。

大黒さんは、ホルミシス効果を研究し、自宅を玉川温泉に変えてしまえば仕事をしながら治療できると考えました。自宅隣に併設する事務所を改装し、4千万円かけてラジウム岩盤浴をしながらラドンガスを吸引できる部屋を3室作ってしまいました。そこを寝室に

古川ホルミシス健康館。顔写真は古川ホルミシス健康館整体師　佐々木強さん

して毎晩眠り、時間がある時は昼間もその部屋で過ごしていました。

８年前からは筆者（松井）と出会い、食も本格的に改善し、手づくり酵素もはじめました。すると、血圧が下がり、現在の平時の血圧は上が１４０、下が70です。何らかの原因で高いときでも上が１７０、下は80です。

血糖値は１７０と少し高めですが、異常に高かった５００とは比べものにならないほど安定しています。今は自宅の寝室で眠っていますが、３年前からＭＯＲＩ ＡＩＲを寝室に設置して森の香り精油をたっぷり吸引しながら寝ています。昼間はラドンセラミックス

ホルミシス効果とMORI AIR効果のダブル効果をもたらす部屋。壁側面のラジウムセラミックス板からは微量の放射線が放射され、ラドンガスが室内に充満するようになっている。そのホルミシス効果に加え、床左側設置のMORI AIRからは森の香り精油が噴霧され室内に充満するようになっている。

のベルトを腰に巻き、ホルミシス岩盤浴代わりにしています。

数年前からは、ホルミシス効果が知り合いや一般の人々にも役立つと思いつき、ホルミシス治療院を開院しました。現在は、設備を充実させ専門の整体師が治療に当たる「古川ホルミシス健康館」として人々の健康に役立っています。

２０１８年６月25日に、大黒さんが仙台で経営する数社の社員のソマチッド健康セミナーを開催し、翌26日には古川ホルミシス健康館でもソマチッド健康セミナーを行ないました。このときの大黒さんや整体師の佐々木強さん（33歳）の血液中のソマチッドは、赤ちゃんや幼児レベルに近く、超大量に存在していました。

☆手づくり酵素を開発した「十勝均整社」のソマチッドレポート

２０１８年７月10日、北海道帯広市にある手づくり酵素の開発元「十勝均整社」で本社スタッフや全国の代理店社長たち37名が集合してソマチッド体験セミナーを行ないました。なんと、３分の２の人たちには幼児や赤ちゃんレベルに近い超大量のソマチッドが恒常的に存在していることがわかりました。いく人かの例を紹介します。

超極小の原始ソマチッドが超大量に

手作り酵素開発者　河村文雄会長（73歳）

手づくり酵素の開発者であり、十勝均整社の会長である河村文雄氏の血液写真はたいへんきれいでしたが、４０００倍ではソマチッドが少なく見えました。そこで２０００倍に拡大して動画で見ると、超極小の原始ソマチッドが超大量に存在していることがわかりました。動画でははっきり確認できますが、写真でも、か

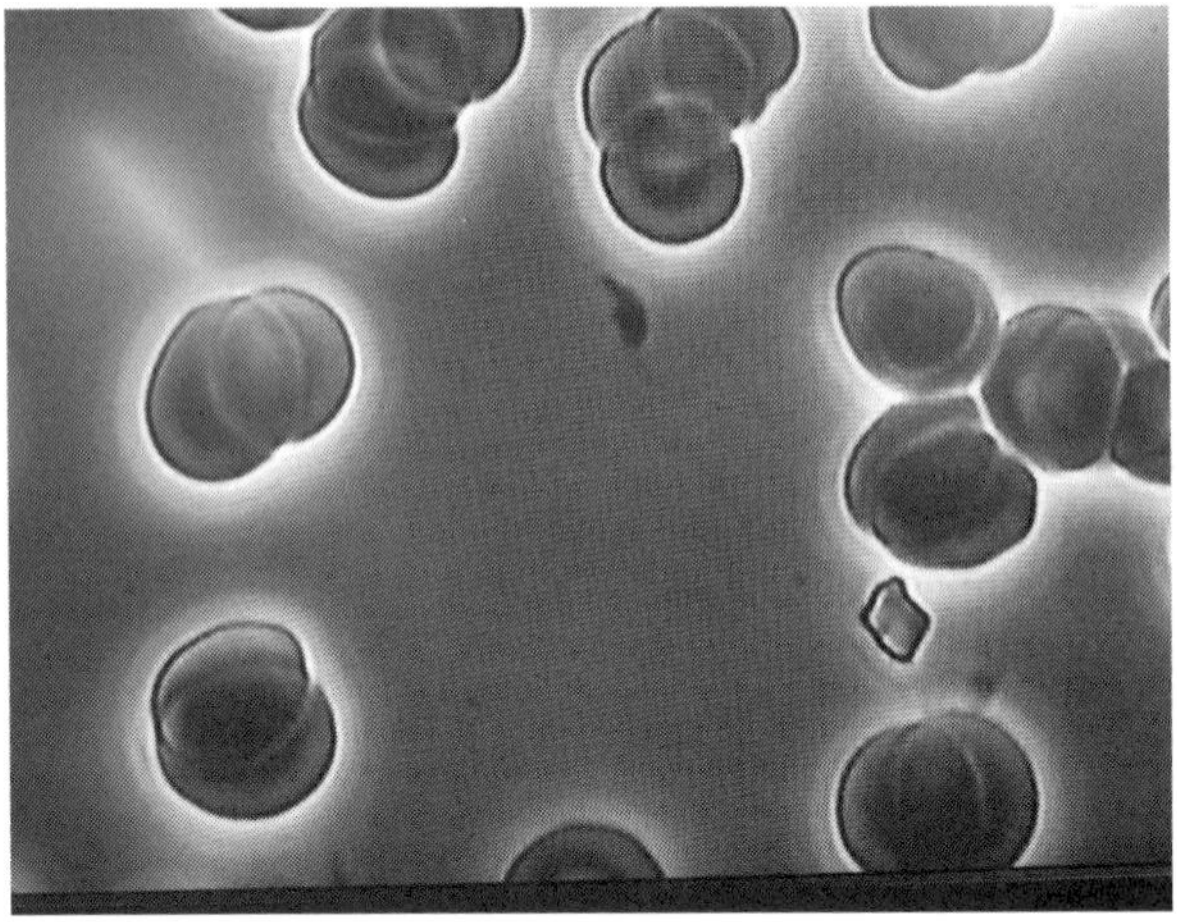

河村文雄氏の血液写真（4000倍、2018年7月10日）

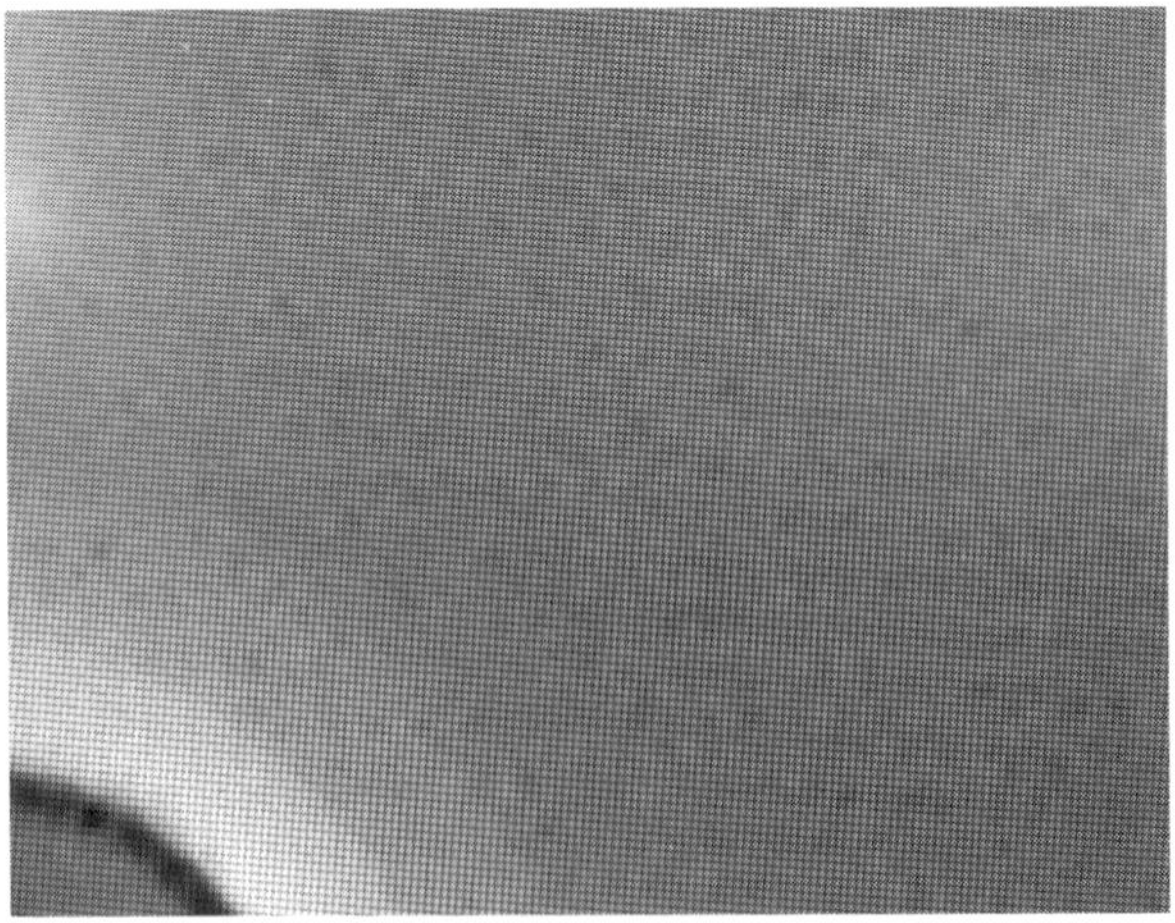

20000倍に拡大した血液写真

すかに点のように何百個もの原始ソマチッドが映っていることがわかりました。

河村会長は、ご自分で開発した手づくり酵素を40数年飲用していますが、4年前からはやはりご自分で開発した大地の精パウダーを水に溶かして毎日飲んでいます。さらに1年3カ月前からはMORI AIRを寝室に設置して森の香り精油を吸いながら眠っています。

切断した手首の神経が甦った！

浅沼正義さん

浅沼さんは、12年前に工場のローラーに巻き込まれ、右手首を切断する寸前の事故に遭遇しました。病院で手首を縫合し、接着はしましたが神経はまったくつながりませんでした。手も指もまったく動かず、感触もないまま8年が経過しました。
ところが、手づくり酵素の開発者である河村文雄会長のアドバイスで、野草酵素に大地の精パウダーを混ぜて手首に塗り、20分ほどで乾いたら洗い流すことを毎日1回ずつやり続けました。すると、徐々に神経細胞が再生し、つながり、神経

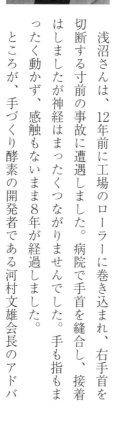

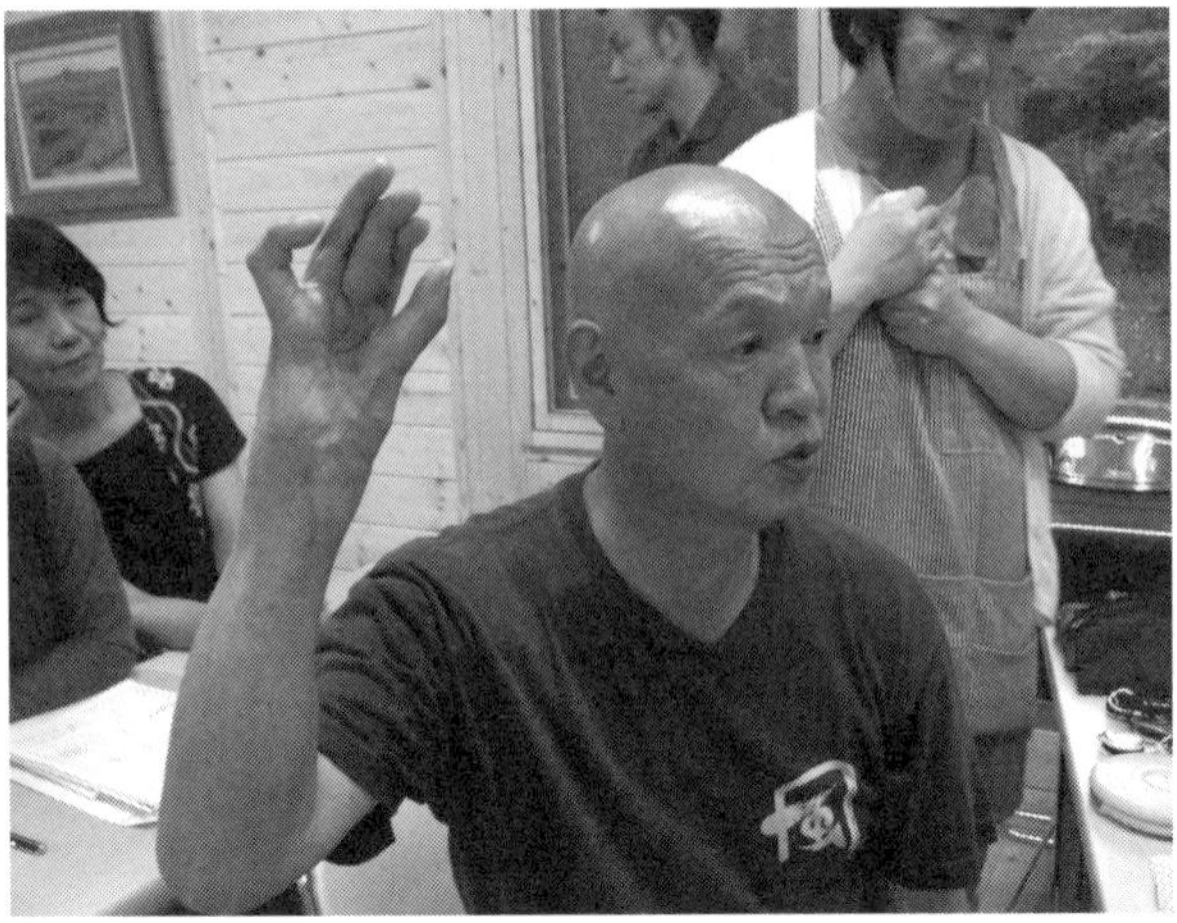

怪我で神経がつながっていない状態の手首

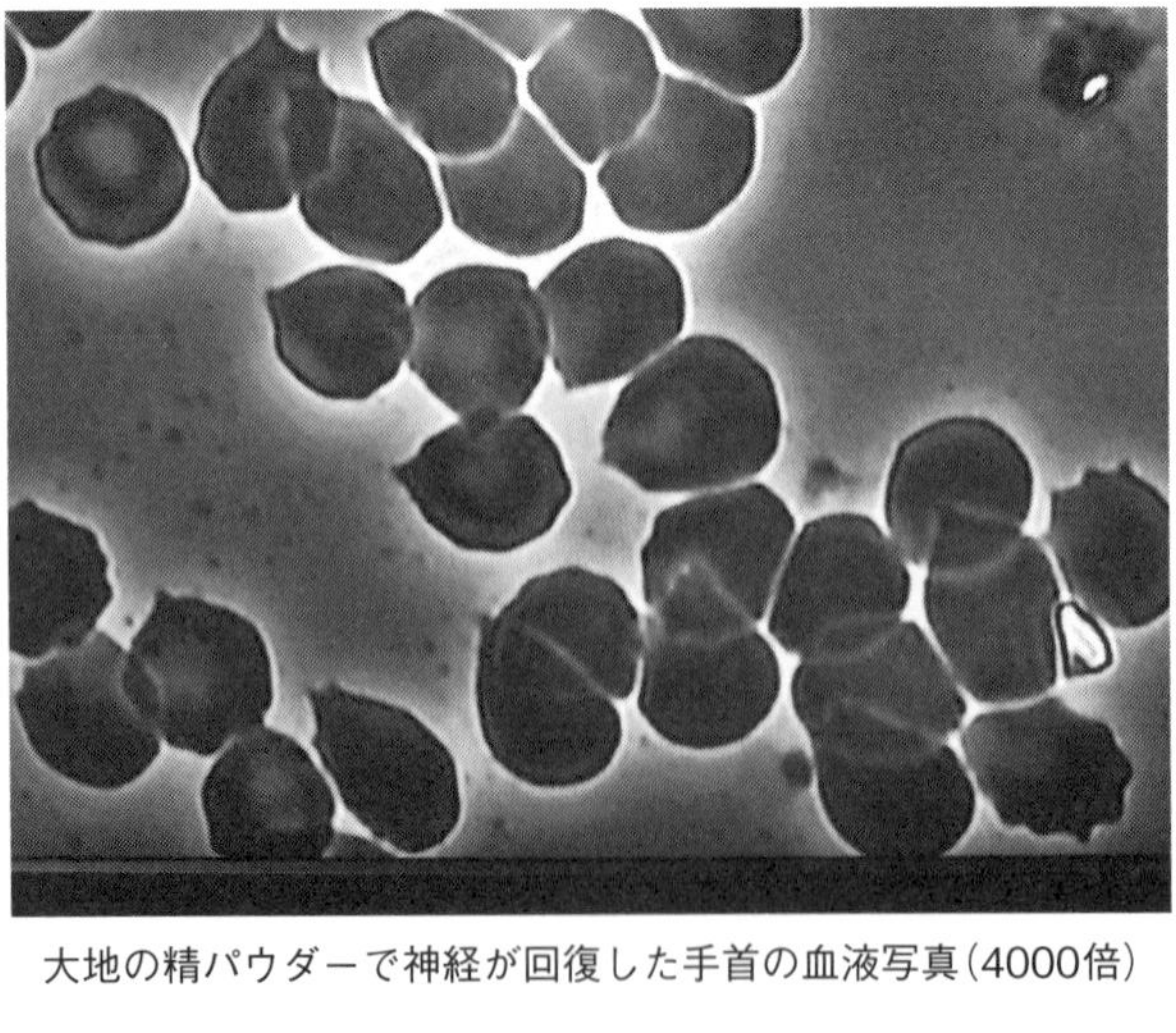

大地の精パウダーで神経が回復した手首の血液写真（4000倍）

が回復して手首が動き出したのです。感触も甦ってきて3年で完全に回復しました。

これは、通常ではあり得ないことです。前頁の下の写真を見ると、ソマチッドが超大量に存在していることが確認できます。さらに1万倍にまで拡大して動画で見ると、超極小のソマチッドが超大量に存在し、躍動していることもわかりました。以前から良質なソマチッドが大量に入った手づくり酵素を毎日3回飲んでいたこと、原始ソマチッドが大量に含まれる大地の精パウダーを野草酵素に混ぜて毎日手首に塗っていたこと、さらに大地の精パウダーを水に溶かし毎日飲み続けていたこと以外、理由は見当たりません。

難病の筋萎縮症から復活!

浅沼敏江さん（浅沼正義さんの奥様）

浅沼敏江さんは、仮死状態で生まれ、そのときの注射がもとで筋萎縮症になりました。その後も注射を受け続けると筋肉がますます固くなり、足をひきずりながら歩く生活をしていました。

河村文雄会長のアドバイスで大地の精パウダーを手づくり野草酵素に混ぜて毎日、全身パックをするようにしました。頭の地肌から足の爪先まで全身にパックをし、裸のまま2時間過ごした後、お風呂へそのまま入りました。

これを3年間、毎日続けていると、徐々に筋肉が復活し、歩く姿勢も良くなり、身長も伸びました。萎縮していた筋肉細胞が徐々に消え、正常細胞へ新陳代謝してしまったのだと思われます。

現在は、なんの不自由なく普通に生活し、仕事もできるようになりました。治ることがないと言われる難病の筋萎縮症から復活できたのです。現代医学から見たら、まさに奇跡です。

じつは、奥様が全身パックをした後入浴したお風呂に、ご主人の正義さんも入っていたそうです。正義さんの体調がすぐれないときは、翌朝浴槽を見るとお湯の濁りが強かったといいます。2人の体内に蓄積されていた薬などの化学物質や疲労物質が皮膚から排毒（デトックス）されたのではないかと思われます。

おそらく、野草酵素と大地の精パウダーに大量に含まれる原始ソマチッドが皮膚から浸透し、皮下組織の細胞内のミトコンドリアを活性化したことで、蓄積されていた毒素が排出されたのでしょう。

後述する木曽ヒノキ水の風呂に入った翌朝の浴槽の水が排泄された体内毒素のためにヌメリがあったという報告とよく似ています。

浅沼さんご夫婦に起こったことを現代医学で説明することは難しいでしょう。完全に失われた神経がどうして回復したのか、難病である筋萎縮症がどのように改善したのか。私は、これまで述べてきたように原始ソマチッドの働きによるのだと考えています。

いったん失われた神経細胞や筋肉細胞の遺伝子情報がどこかに保存されているからこそ、新たに神経細胞や筋肉細胞のDNAをつくることができるはずです。その情報源こそ原始ソマチッドであると考えれば、ご夫婦に起こったことはうまく説明がつきます。

お二人とも必ず正常な身体に回復できると信じて、3年間やり続けました。「石の上にも3年」とはよく言ったものですが、それをもたらしたのが原始ソマチッドの働きだと思います。

ソマチッドは、小さいものから大きいものまで100倍ほど大きさの差があり、種類は数千から数万にも及びます。一種類のソマチッドは一つの働きしかしませんが、ソマチッドは2個、3個、数十個と複数結合すると、新しい種類のソマチッドになり、新しい働きをします。また、環境に応じて新たな働きを学習します。

残念ながら、現代科学ではソマチッドを分析・解析できないため、ソマチッドそのものを単なるゴミとしか見ていません。また、生命体のように動いていることはわかっても、正体がはっきりつかめないため、客観性が無い、科学性が無いと否定されてしまいます。

事実、ソマチッドを研究する科学者は皆、医学会や巨大な製薬メーカーから追放されたり、弾圧を受けてきました。ポジティブな感情で接するとソマチッドは活性化しますが、ネガティブな感情で接すると不活性になったり、どこかに消えてしまったりします。それで、科学の研究対象にならないと決めつけられます。

赤ちゃんや幼児には大量に存在するが、大人になるほど減少していきますし、疑心が強いほどソマチッドは少なくなります。すでに述べたように、医薬品や農薬、食品添加物などに含まれる化学物質が体内に入ってくるほどソマチッドは不活性になったり、どこかへ消えたりします。

こうしたソマチッドの存在は、現代科学や医学から見ると客観性がなく、不可解な存在でしかないのでしょう。しかし、生命はどこから生まれたのか、遺伝子情報はどこから生まれたのか、現代科学や医学でも解明できない謎が、原始ソマチッドの存在を考えると解

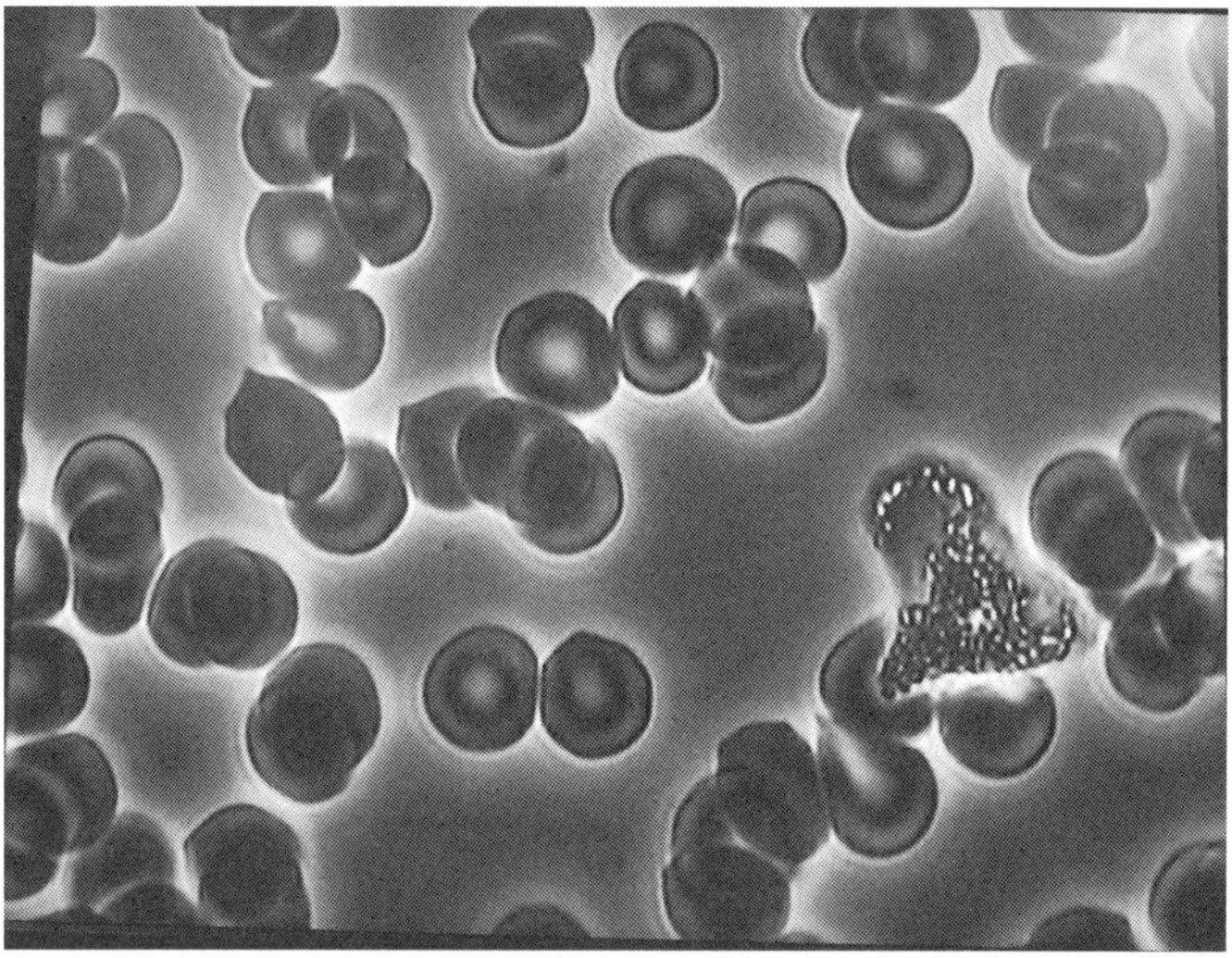

写真A／ソマチッドが変性不良タンパクに集結している（4000倍）

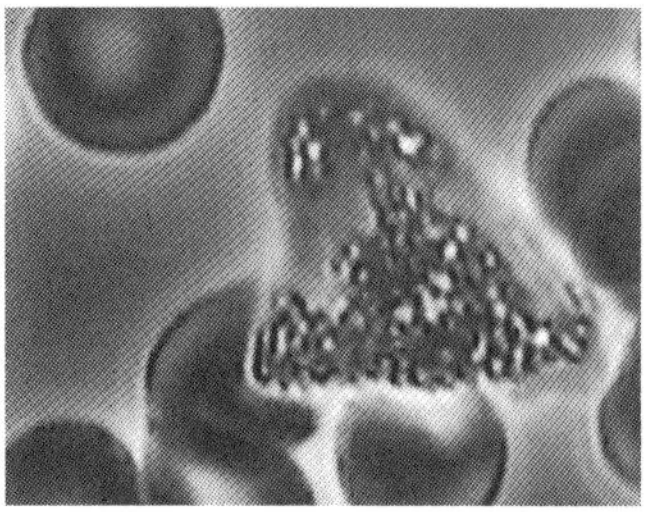

写真B／10000万倍の血液写真

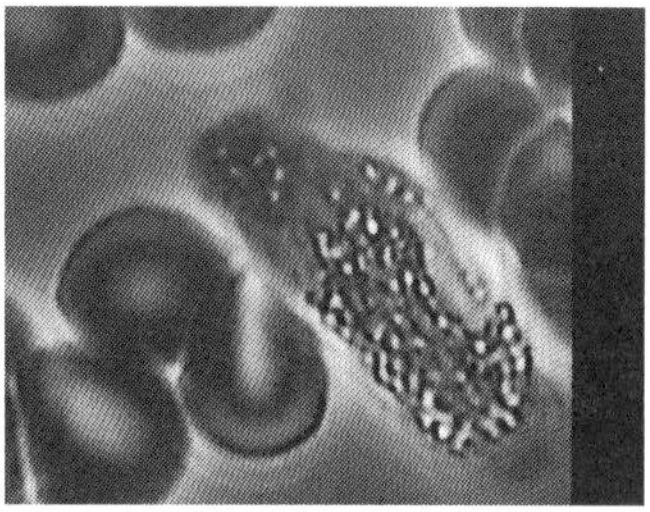

写真C／写真Bから1分後の画像

けてくるのです。

浅沼正義さんの血液中に見られた変性不良タンパクを大きめのソマチッドが数百個集結して高速で分解していました。写真A（4000倍　ソマチッドが変性不良タンパクに集結している）と写真B（10000倍）と写真C（10000倍、写真Bから1分後）はその様子を示しています。

ソマチッドによる分解スピードは、動画を見ると平均的な人と比べて数倍速いことがわかりました。写真Bから写真Cまではわずか1分間ですが、ここまで形が変形するほど分解スピードが速いことがわかります。

ソマチッドが活性化している人は、白血球の中に存在する数十、数百のソマチッドがタンパク質の異物を取り込み、分解してしまいます。この分解スピードが遅かったり、分解できない場合は、変性不良タンパクがガン細胞になったり、脳内のアミロイドタンパクになったりして、ガンやアルツハイマー病、パーキンソン病などの原因の一つになります。

親子ともに原始ソマチッドが大量に存在

中山要さん（59歳・父親、写真上）と中山曜萌さん（25歳・息子、写真下）

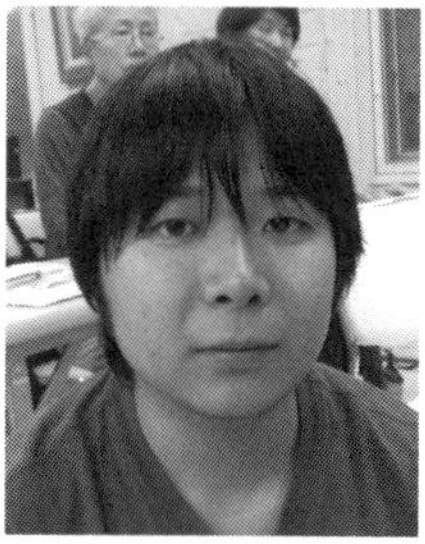

中山要さんは、20数年前から手づくり酵素の指導に携わっていました。血液写真を見ると、ご本人と息子さんの血液中にはとても小さな原始ソマチッドが超大量に存在していました。

それは、手づくり酵素を飲み続けていたこともあるでしょうが、中山要さんは4年前から、息子さんの曜萌さんは2年前から大地の精パウダーを酵素や水に溶かして毎日飲んできました。

4000倍の画像でもソマチッドがたくさん存在することがわかりますが、10000倍の拡大画像では、画面内だけでも数百個存在していることがわかります。動画での観察では超極小のソマチッドが大量に存在し、躍動していることがはっきりとわかりました。

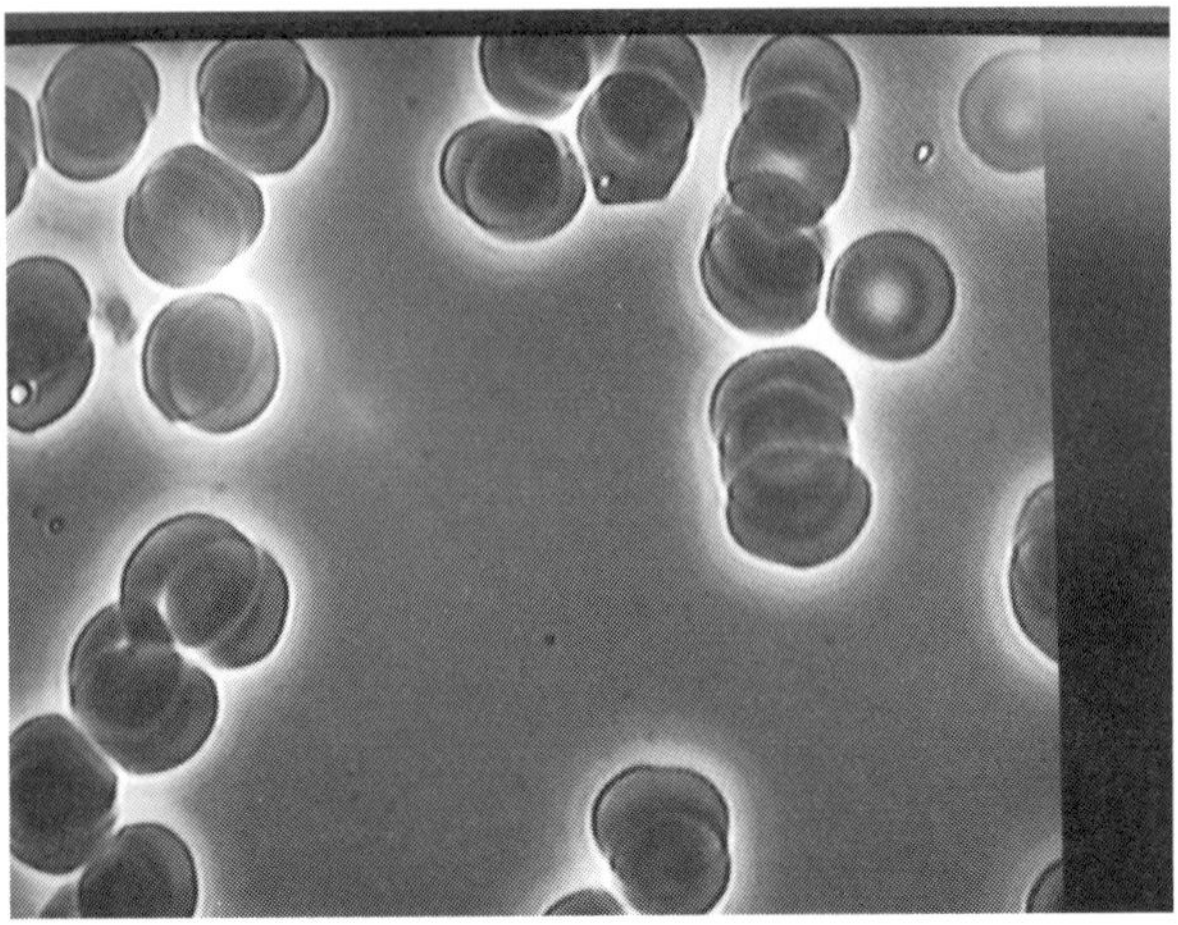

中山要さんの血液写真（4000倍）

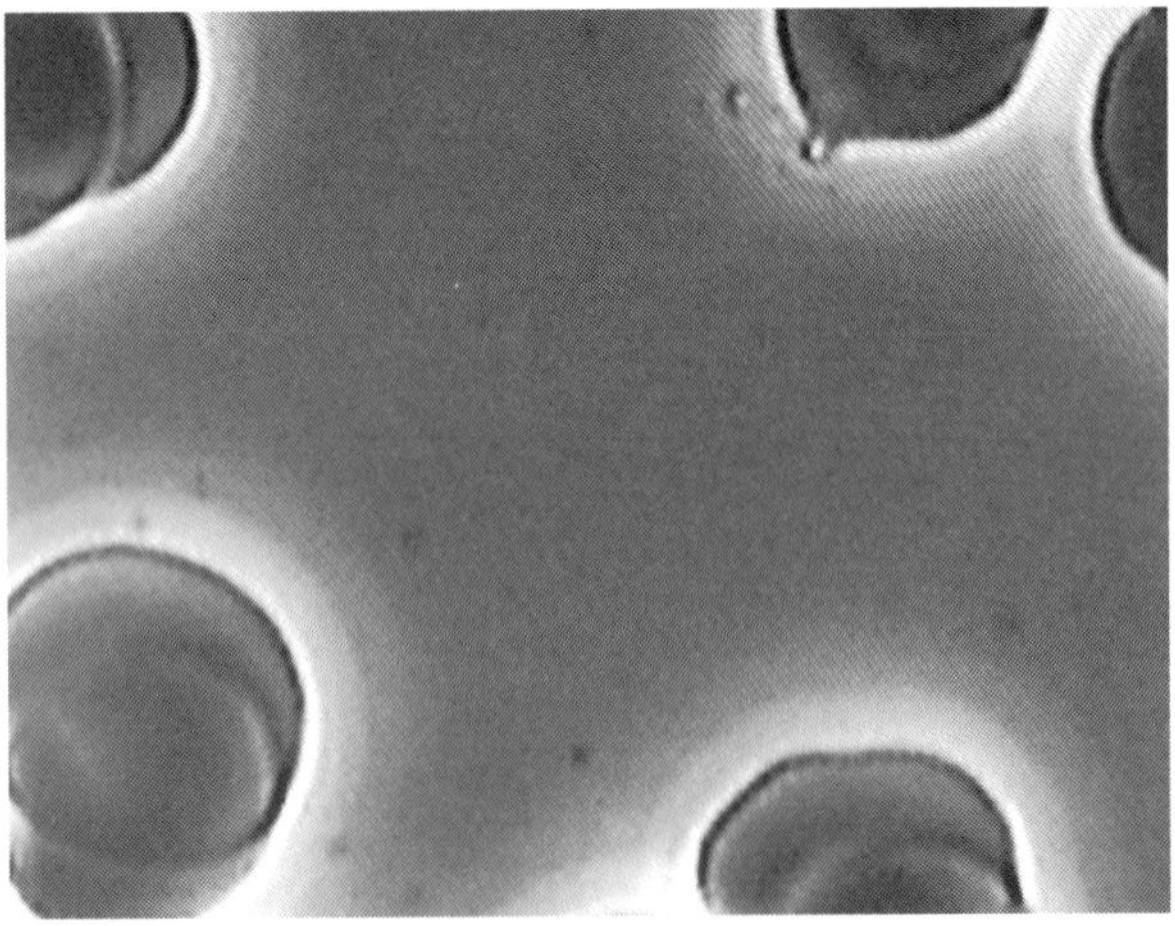

10000倍の血液写真

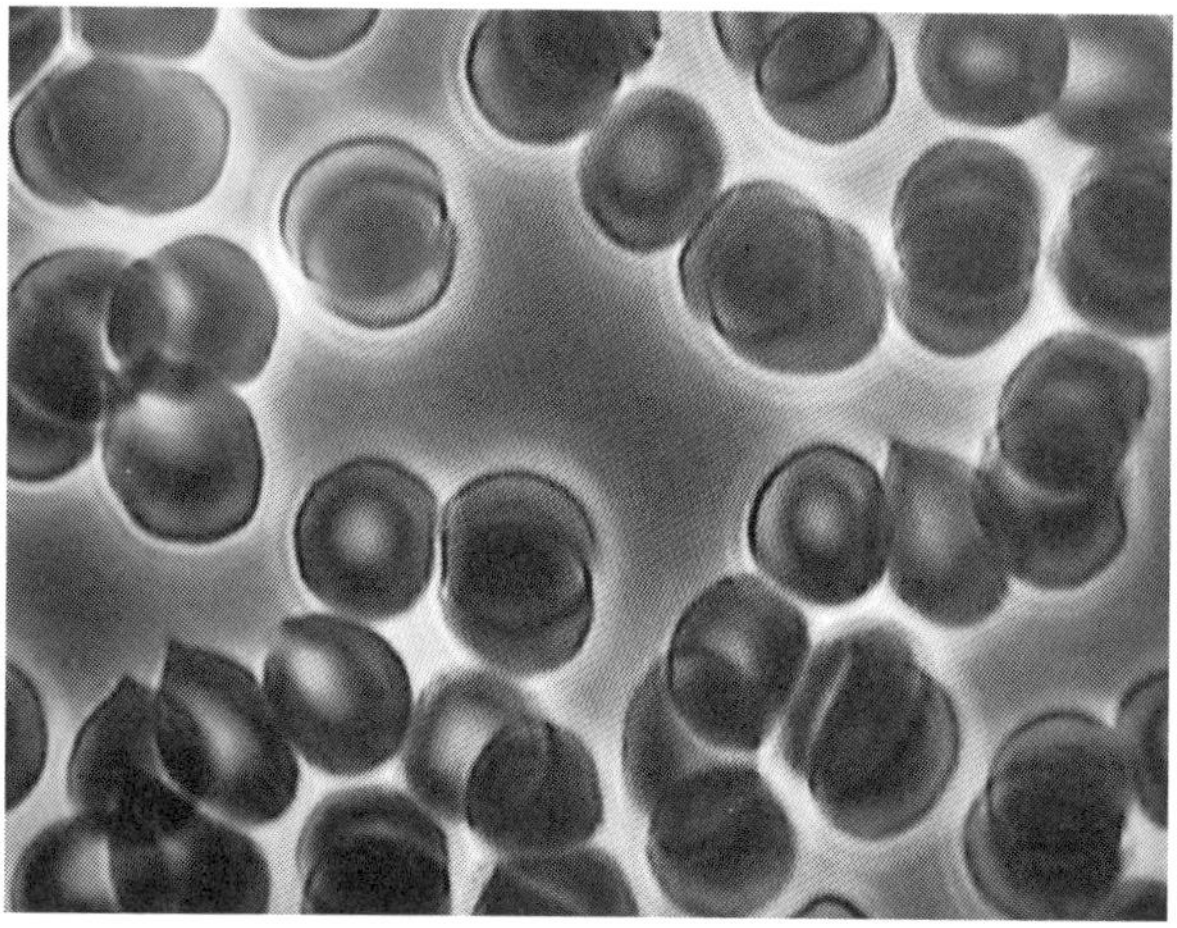

中山曜萌さんの血液写真（4000倍）

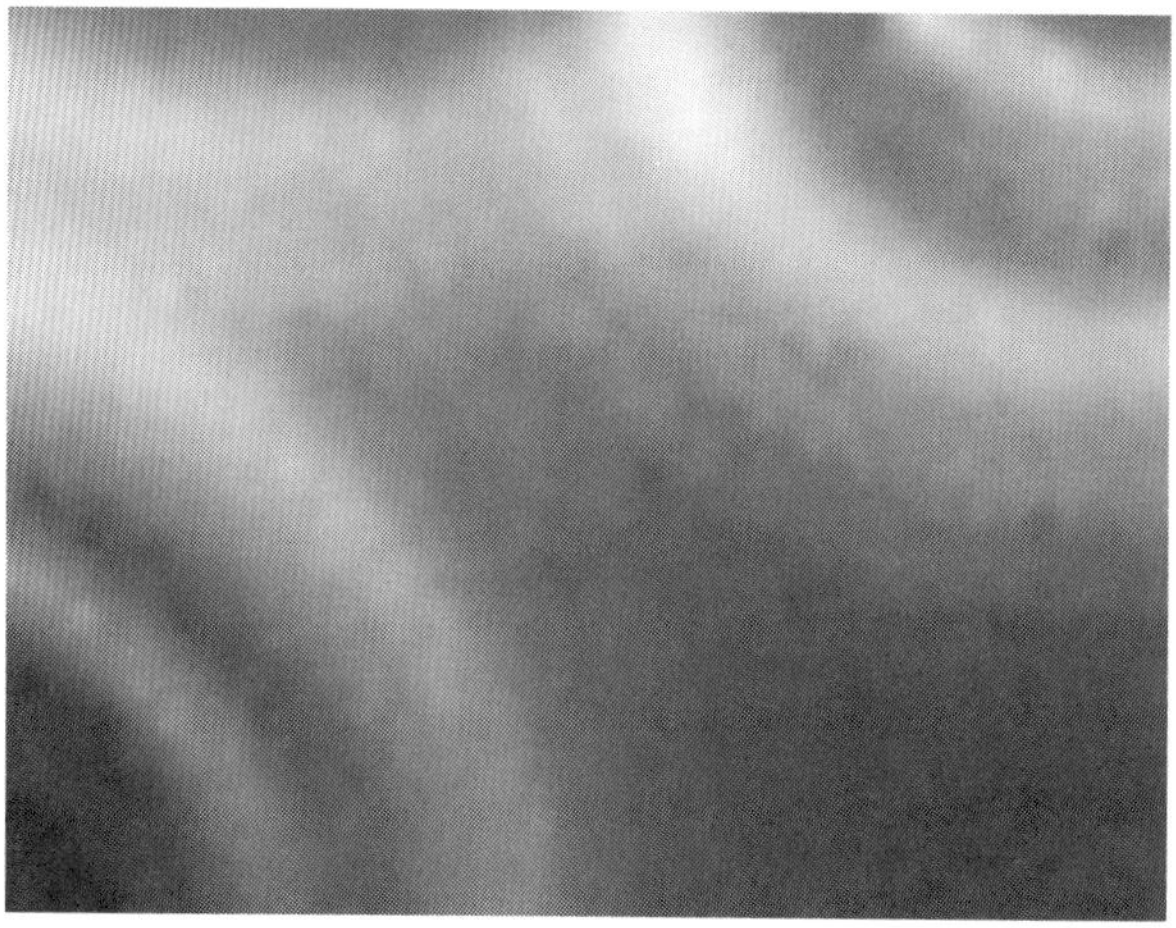

20000倍の血液写真

・ご夫婦そろって原始ソマチッドが超大量に存在し躍動！

小松裕次郎さん・麻耶さん夫妻

小松麻耶さんの20000倍拡大画像には無数の小さいソマチッドが映っているのがわかりますが、ご夫婦とも原始ソマチッドが超大量に存在し、躍動していました。お二人は1年前から手づくり酵素を毎日飲みはじめ、大地の精パウダーを酵素や水に溶かして飲んでいました。

小松さんご夫婦が参加したソマチッド体験セミナーには37人が参加していましたが、大部分の方に原始ソマチッドや現代の良質なソマチッドが大量に存在し、血液はとてもきれいでした。ほとんどの方が、無農薬食材による食生活を心がけ、手づくり酵素を毎日飲み、大地の精パウダーを酵素や水に溶かし飲んでいました。何人かはＭＯＲＩ ＡＩＲを寝室に設置して森の香り精油を拡散させて寝ていました。

皆さん、とても健康で明るくパワフルです。とてもにぎやかな体験セミナーでした。

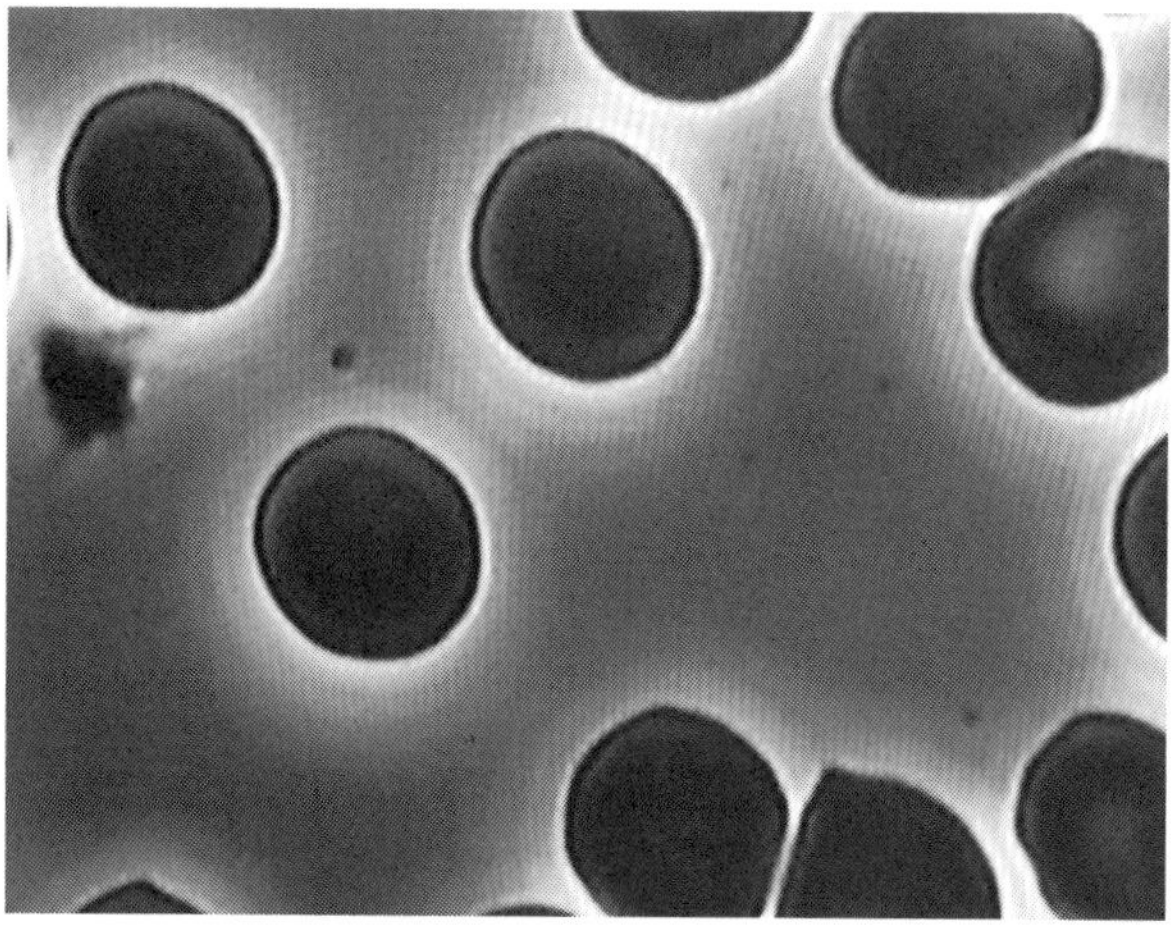

小松裕次郎さんの血液写真（8000倍）

小松麻耶さんの血液写真（20000倍）

☆「大地の精パウダー」とは

「大地の精パウダー」については、先に簡単に述べたように、北海道の日高山脈中の花崗斑岩（石英斑岩）を微粉末（パウダー）にしたものです。麦飯石とも言われます。

２０１７年春、河村文雄会長から大地の精パウダーを手づくり酵素などに混ぜ合わせ皮膚に擦り込むと神経細胞が甦るようだと知らせがありました。筋萎縮症など難治性の症状が奇跡的に改善するようだというのです。

「その正体はソマチッドの働きかもしれない。調べてほしい」と言われたので、波多野昇氏と位相差顕微鏡で調べたところ、驚くほど大量の原始ソマチッドが存在していることがわかりました。次頁の写真は大地の精を精製水で溶かしたときの１０００倍の画像です。黒い小さい点はすべてソマチッドで、固まりの黒い部分もすべてソマチッドです。大量のソマチッドとケイ素が存在していることがわかります。

大地の精パウダーは、数億年前にマグマが冷え固まって出来た花崗斑岩（石英斑岩）を微粉末にしたもので、主成分はケイ素です。そのケイ素内には数億年間眠り続けている原

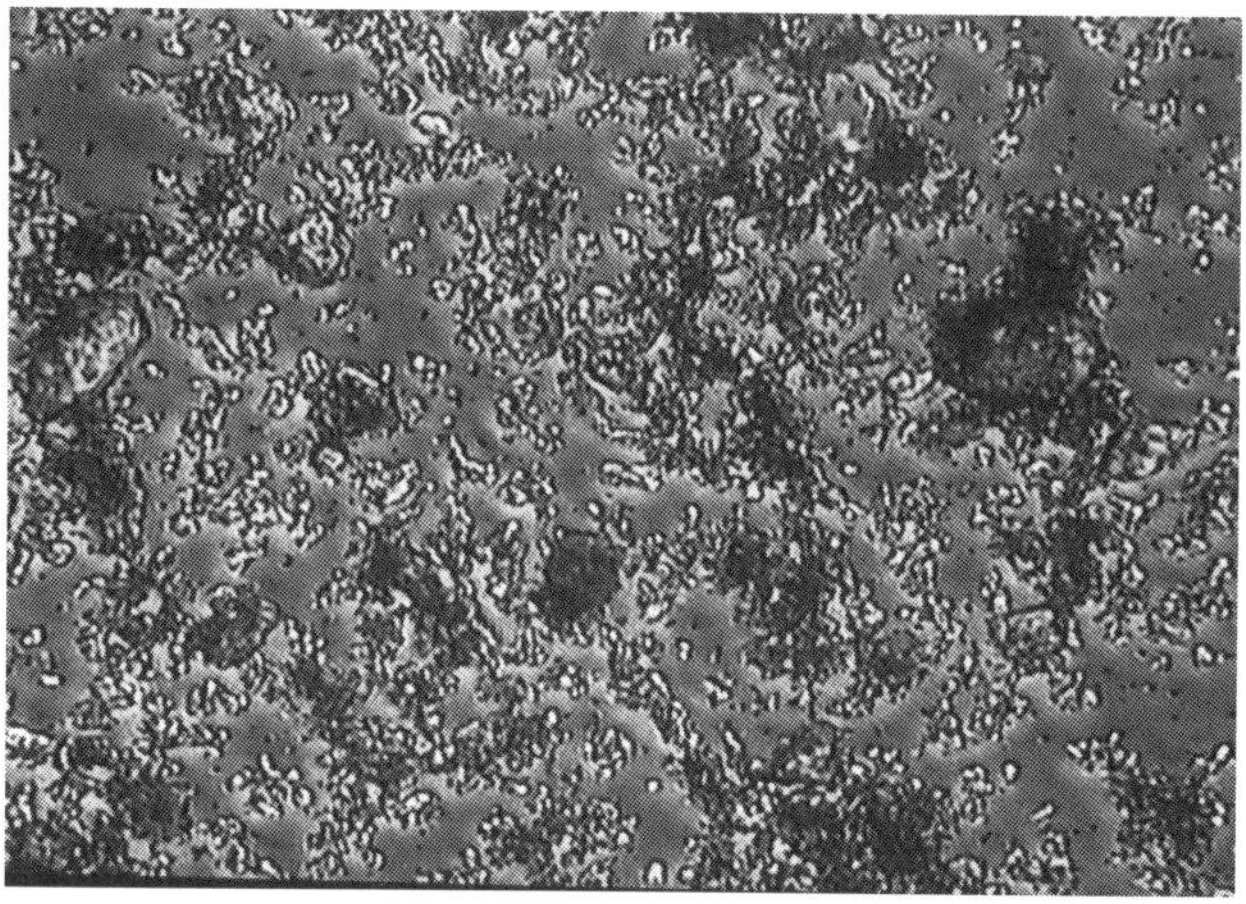

大地の精を精製水で溶かした画像（1000倍）

始ソマチッドが含まれています。北海道八雲地方で採掘される２５００万年前のカミオニシキ貝の化石には古代ソマチッドが含まれているといわれますが、その10倍以上もの長期間、ケイ素の中で眠り続けていたのが原始ソマチッドです。

これは、ＭＯＲＩ ＡＩＲで拡散する森の香り精油に含まれる数億年前の原始ソマチッドと同じです。筆者は本書を通して、この原始ソマチッドが現代に生きる私たちに最強の生命力と免疫力をもたらしてくれることを伝えることができればと願っています。

大地の精パウダー

☆「原始ソマチッドダンス」

地球における原始ソマチッドの歴史は、40億年以上前に宇宙から地球に飛来した隕石に含まれていたのが始まりです。1000℃以上の高熱や強力な放射線にも強く、マグマに乗って地球の隅々にまで行き渡り、冷え固まった火成岩（花崗岩）のケイ素の中で冬眠をし続けていました。

それが、あるときから水の電子の刺激を受けて水の中へ飛び出し、海水に乗って世界中の海へ拡散していきました。海水が蒸発して雲になり雨が大地や海へ降り注がれることで、原始ソマチッドは地球上のあらゆる生命を作り出す源となりました。

38億年前、地球上に最初に発生した原核生命体のシアノバクテリアをつくったのは原始ソマチッドです。このシアノバクテリアがさまざまに進化して、地球に棲息するあらゆる動植物へと進化してきましたが、DNAの遺伝情報をもたらしたのは原始ソマチッドです。

現代のソマチッドは、数十年、数百年、数千年間ケイ素の中で眠っていて目覚めたものですが、数億年もの間ケイ素の中で眠り続けていた原始ソマチッドは、現代のソマチッド

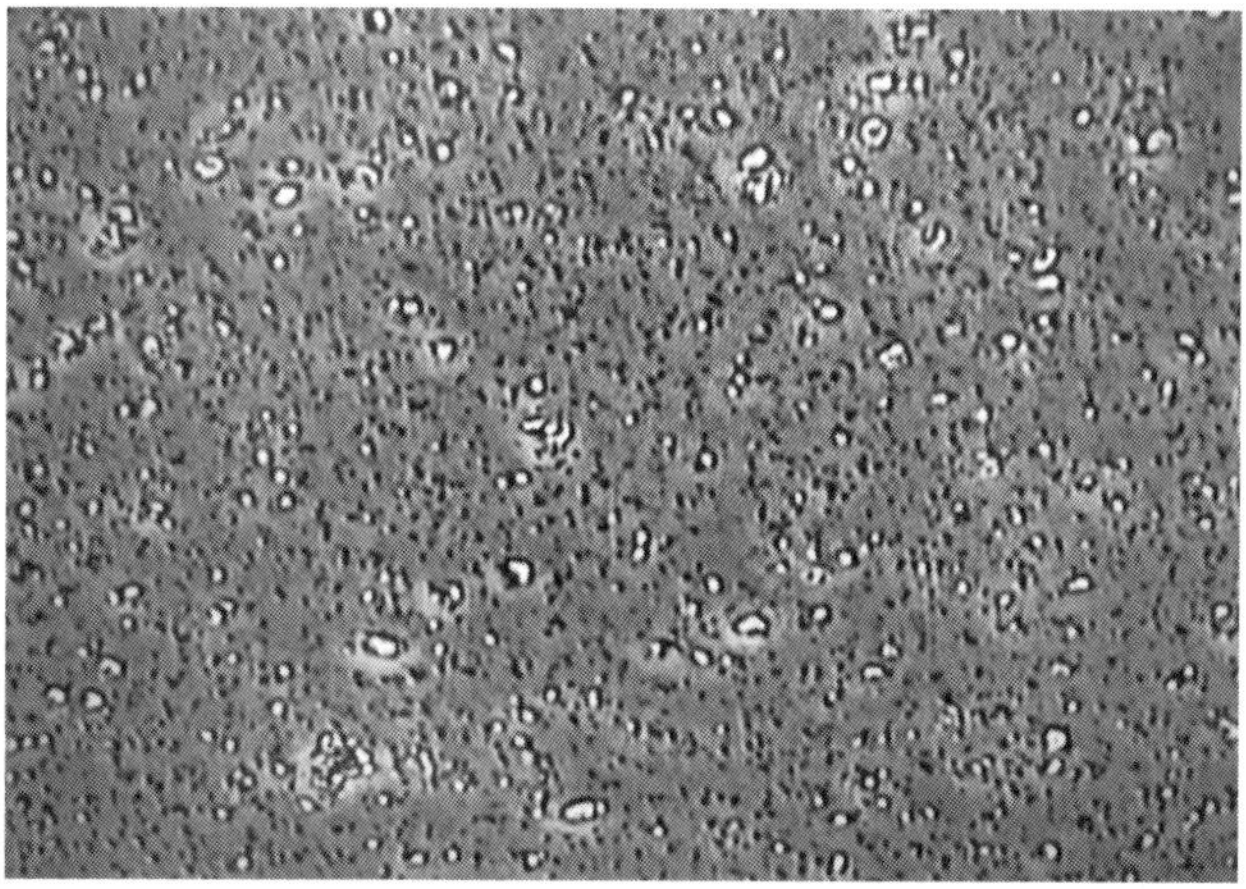

大地の精のソマチッドダンス（1000倍）。珪素から飛び出した原始ソマチッドが、全部↗↘↗↘と足並みを揃え、ダンスを踊っている

とは桁違いのパワーをもっています。

たとえば、現代のソマチッドをアルコールに浸けると酔っぱらったようにフラフラしますが、原始ソマチッドは変わらず躍動的です。そして、いくつかのエネルギーに触れると、足並みをそろえてダンスを踊りだすほどパワフルなのです。筆者は、それを「原始ソマチッドダンス」と命名しています。

位相差顕微鏡で観察すると、原始ソマチッドがある刺激を受けると、大喜びし、いっせいに集団で足並みを揃えてダンスを踊っているように見えます。この現象は、現代のソマチッドや古代のソマチッドには見られず、あくまで数億年前の原始ソマチッドだけに認められます。

前頁の写真は大地の精の原始ソマチッドダンスです。私がこれまで原始ソマチッドダンス現象を確認できたのは、大地の精パウダー、MORI AIRの専用精油である森の香り精油、ラドンセラミックスボール（数億年前の花崗岩とペルー産高品質のラジウム鉱石を微粉末にし、1000度以上で焼き上げたもの）などです。

では、どのような刺激を受けると、原始ソマチッドはダンスを踊るのでしょうか。

1　大地の精パウダーを水に溶かし、水素水生成器で水素化したとき

水（H_2O）に水素水生成器（エニティ・エイチツー）の電極棒を挿入し、1分間電気分解すると、H_2（水素分子）とO_2（酸素分子）の2種類のガスが発生します。このとき、酸素ガスは上昇して空気中に拡散し消えます。一方、水素ガスは宇宙一小さい分子のため、水の中にしばらく（数分間）残りますが、その後は容器を通り抜けて出ていくためすべて存在しなくなります。ですから、水素水をつくってもすぐに飲まなければ意味がありません。

そこで、大地の精パウダーを溶かした水に水素水生成器の電極棒を突っ込み、電源スイッチを入れると、同じく水が電気分解して水素ガスが発生します。このとき、水を電気分

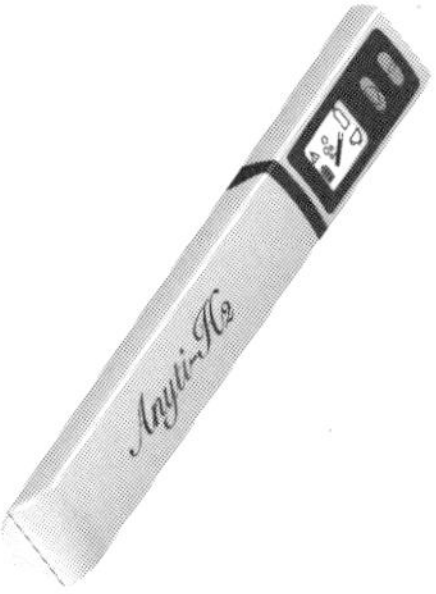

水素水生成器エニティ・エイチツー

大地の精パウダーを水に溶かしたビン

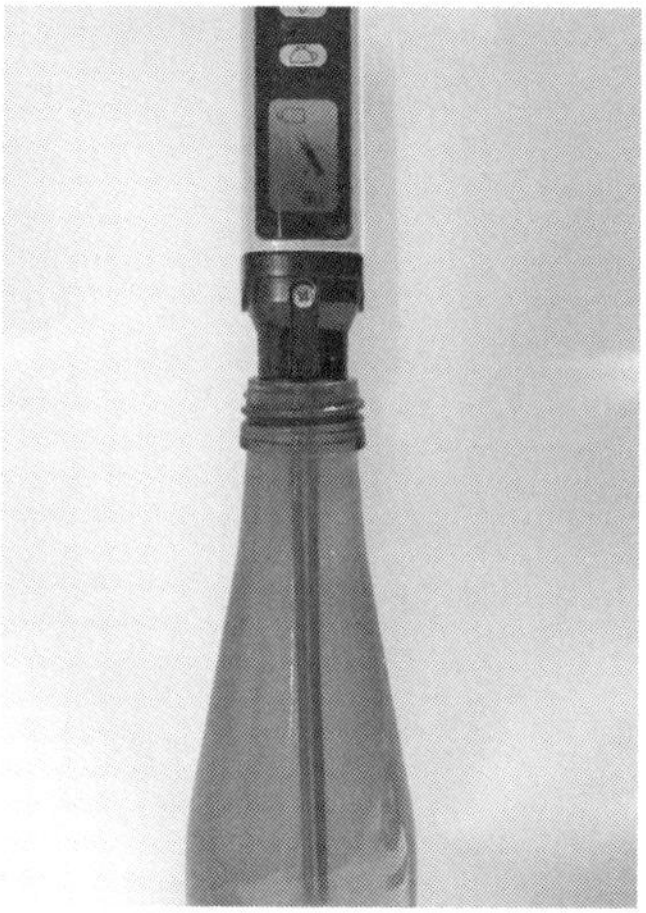

水素水生成器の電極を挿入し水素水にする

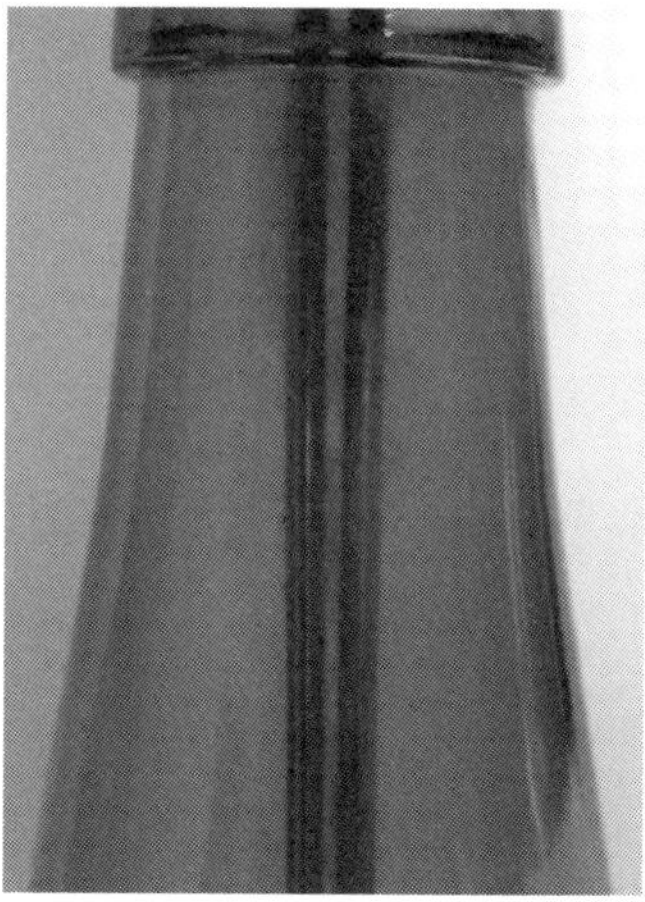

電気分解中

解するのと違うのは、原始ソマチッドが水素ガス（分子）のマイナス電子を受け取り、躍動することです。

少量の大地の精パウダーをガラスビンの水に溶かして激しく振ると、パウダー中のケイ素の中に眠っていた原始ソマチッドが眠りから目覚め、水の中へ飛び出します。宇宙に存在する惑星に水が無ければ生命体が発生しない理由は、生命体の源であるソマチッドが、水があってはじめて活動できるからです。

ただし、ガラスビンを振っただけで、すべてのソマチッドがパウダー中のケイ素の中から飛び出すわけではありません。水素水生成器で電気分解することによって発生する水素ガスのマイナス電子の働きで、パウダーの中に残っていた原始ソマチッドが水の中へ飛び出してくるようになるのです。

しかも、マイナス電子を受け取った原始ソマチッドは大喜びしてパワーアップ躍動し、ダンスを踊り出します。

筆者は、このような原始ソマチッド水３００㎖をガラスビンに作り置きし、２〜３日間で飲んでしまいます。５００㎖のペットボトルに作り置きし、３、４日間で飲むこともあります。麦飯石を水の中に入れて飲んだり、沸騰させミネラル水にして飲んでいる人たちがいますが、これも原始ソマチッドの働きを利用しているのです。

水素水生成器（エニティ・エイチツー）には、松井式のオリジナルな宇宙エネルギーを充填してあります。水素ガスと宇宙エネルギーのダブル刺激で、ケイ素中の原始ソマチッドがより多く飛び出すように工夫したのです。

2　気のエネルギー（宇宙エネルギー）が原始ソマチッドに作用したとき

樹齢数百年から千年以上の木曾ヒノキをはじめ、全国の国有林の樹木35種類から抽出された精油が森の香り精油ですが、これまで取り上げた1000倍、4000倍の拡大画像でわかるように、この精油には超極小レベルからその100倍レベルくらいの大きさの原始ソマチッドが超大量に含まれています。

この森の香り精油を位相差顕微鏡のプレパラート上に乗せ、そのそばで筆者が開発したミミテック音読学習器を使って般若心経や名言を一音一音区切って丹田発声すると、精油中の原始ソマチッドがいっせいにダンスを踊り出します（139頁の写真）。

その言葉の波動が原始ソマチッドに伝わり、大喜びしてダンスを踊り出すのだと思います。ところが、普通にお経を唱えてもダンス現象は生じません。

筆者は、セミナーで立ちっぱなしのまま1日9時間前後話します。それを年間160日は行なっています。何時間話しても、最後まで「てにをは」をはっきりと強調発声します。マイクは、いっさい使いません。「よく疲れませんね」と質問されますが、まったく疲れないどころか全身にエネルギーが満ち、体温も37℃を保っています。

それは、丹田発声と丹田呼吸で気のエネルギーが全身の経路（気のエネルギーが流れる器官）を通して全身に運ばれ、全身の原始ソマチッドがダンスを踊るほど活性化されるからだと考えています。

一日一食未満の筆者のエネルギー源は、気のエネルギーで原始ソマチッドが活性化し、ミトコンドリアが活性化することにあると思います。

ミミテック音読学習器を使うと、どのように原始ソマチッドが活性化するのか簡単に述べておきます。

ミミテック音読学習器の集音部の左右には幼児の耳を再現した人工耳介が組み込まれています。それによって脳を刺激し、学習効果を上げることができるのですが、じつはこの

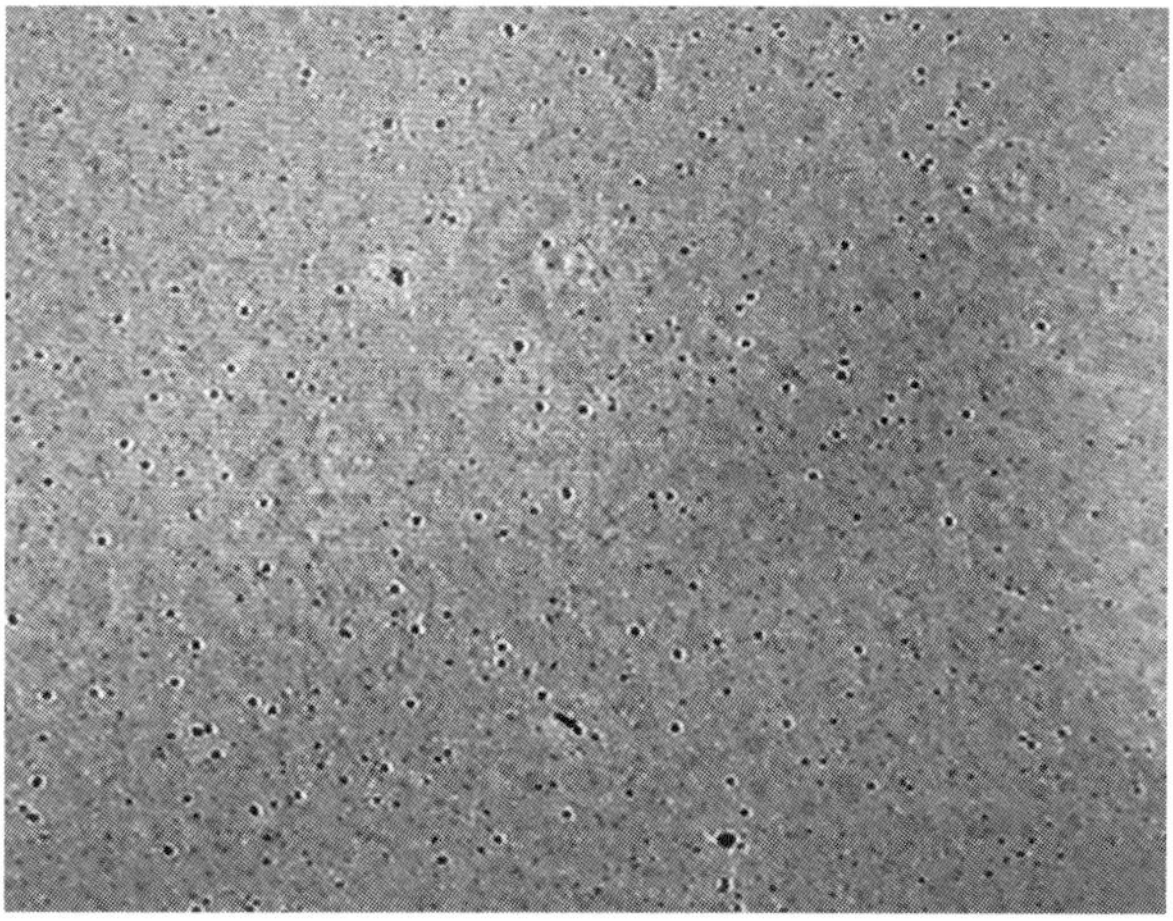

（1000倍）

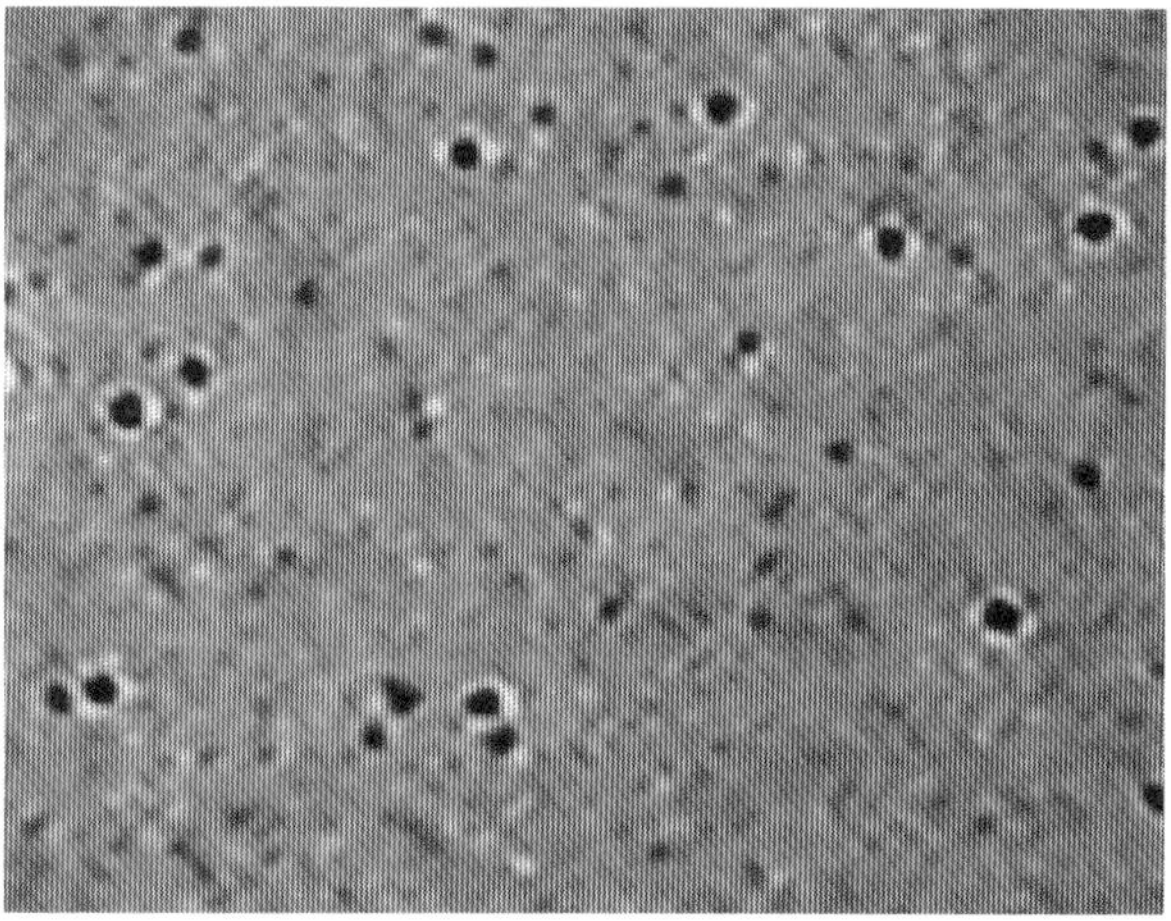

（4000倍）

森の香り精油、ミミテック一音一読
足並みを揃え、いっせいに↗↘↗↘の動きでダンスをする

気のエネルギー（宇宙エネルギー）

⬇

松果体&小腸&胸腺

⬇

全身の径路組織

⬇

全身のリンパ組織&神経組織

⬇

全身の血管組織&内分泌組織

⬇

全身細胞

学習器を使うと気のエネルギーを充填することもできます。

　声の振動音が耳に響いてきて耳介の渦巻き形状の内壁をメビウス回転しながら通過するときに気のエネルギーが発生するのです。それによって、脳の最深部の中心にある松果体にまで音がダイレクトに届きます。

　人体内の気のエネルギー（宇宙エネルギー）の流れは図のようになっています。

　気のエネルギーの入り口は松果体と胸腺と小腸の3カ所にあります。それらに該当する位置は、昔から上丹田、中丹田、下丹田と呼ばれてきました。なかでも松果体（上丹田）は最大の入り口です。じつは、全身の中でもっとも多くソマチッドが存在するのも、この3カ所なのです。

ここでは詳しくは触れませんが、気の流れをつくるのに主要な役割を担っている元素は炭素ではなくケイ素であることがわかっています。ケイ素とソマチッドの関係を考えると、気の流れとソマチッドにはかなり密接な関係があることは容易に推測できます。

3 天然微量放射線ホルミシスの刺激を受けたとき

筆者が開発したラドンセラミックスパワーの巻ベルトや浴用温泉美人のラドンセラミックスボールの表面を削ったパウダーを水に溶かし、位相差顕微鏡で観察したところ、数億年前の原始ソマチッドが大量に存在していることがわかりました。

しかも、他の刺激（水素ガスや気のエネルギーなど）を加えなくても、そのままの状態で原始ソマチッドがダンスを踊っています（次頁の写真）。これは、ラドンセラミックスボールそのものの組織成分が、数億年前にマグマが冷えて固まった日本の花崗岩中の長石や石英、角閃石を使っているためです。これらの主成分であるケイ素中には数億年前の原始ソマチッドが大量に含まれています。

おまけに、ラドンセラミックスボールのもう一つの成分はペルー産の高品質のラジウム

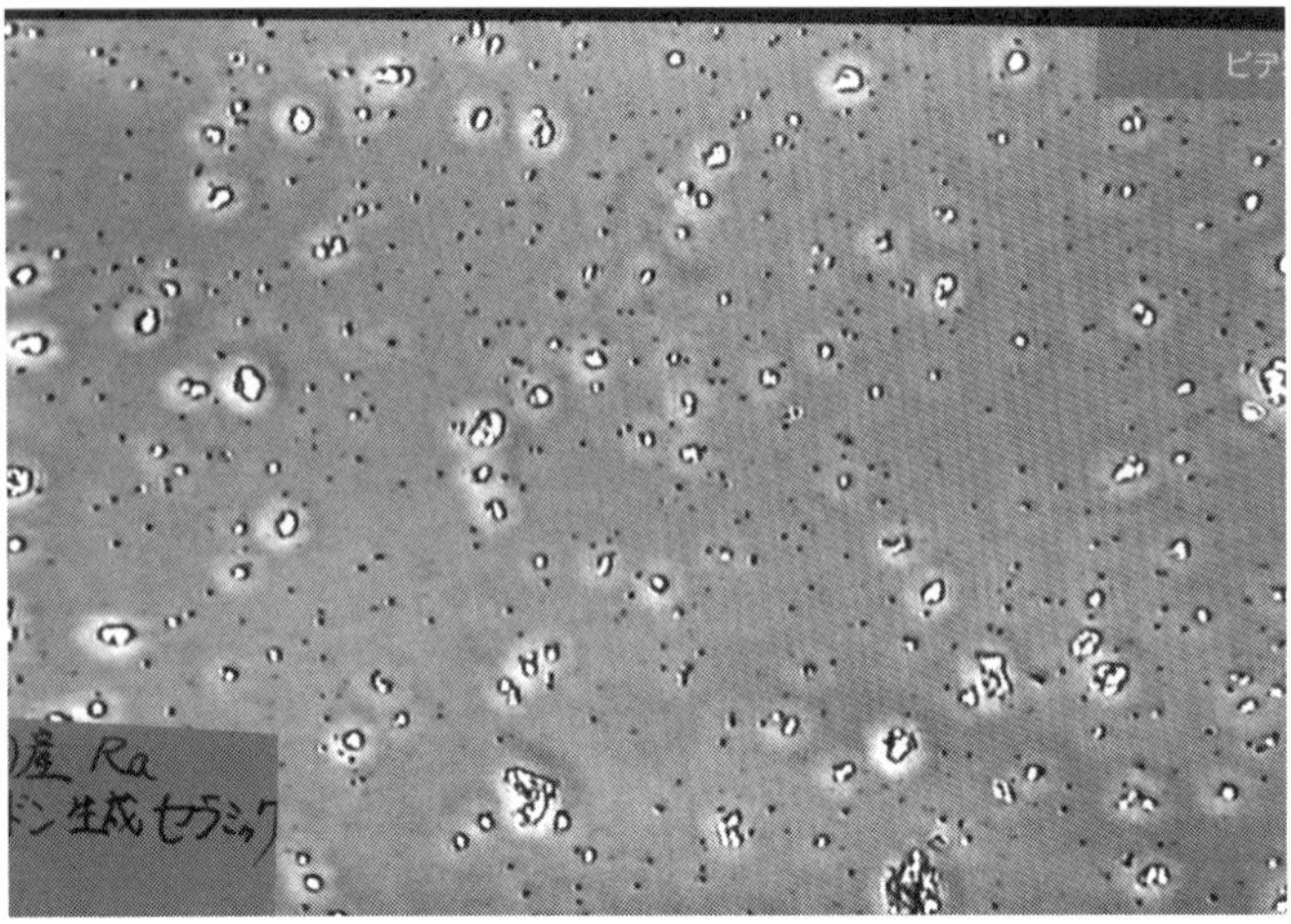

水に溶かしたラドンセラミックパウダーに存在する原始ソマチッド（1000倍）。いっせいに↗↘↗↘の動きでダンスをしている

鉱石です。このラジウム鉱石のパウダーが発する天然微量放射線が原始ソマチッドにエネルギーを供給し続けるため、原始ソマチッドがダンスを踊るように活性化するわけです。

巻ベルトを腰や下腹部に巻いたり、温泉美人風呂に数分間入ることで、体の芯からポカポカ温もり、血液がサラサラになり、赤血球中の酸素濃度が高くなります。それは、原始ソマチッドパワーと微量放射線ホルミシスの相乗効果によるものだと思われます。

【コラム】原始ソマチッドダンス水でパワーアップ!!

毎晩、「お口除菌・消臭植物濃縮エキス」(209頁写真参照)で歯周病・虫歯菌対策をしているという方から、水の代わりに「大地の精パウダー」を溶かした水を電気分解して水素化したものに「お口除菌・消臭植物濃縮エキス」を数滴入れて使っているという話を伺いました。

5分間お口の中でグチュグチュしていたら、口内に浸透し、全部消えてしまったというのです。しかも、歯茎の赤い腫れなどが早く引くようになったといいます。筆者も興味が湧いて試してみたところ、確かに普通の水に「お口除菌・消臭植物濃縮エキス」を数滴入れた場合と比べ、全部とはいかないまでも量がかなり減ります。歯周病・虫歯対策に有効であることも確認できました。

その後伺ったところでは、何人かの知り合いにも試してもらうと同じ現象が起こるといいます。これは、「お口除菌・消臭植物濃縮エキス」と「大地の精パウダー」に含まれる原始ソマチッドが飛び出してダンスを踊るように躍動し、口内の粘膜や歯茎の細胞に浸透していくからだと思われます。

4章

日常生活用品に含まれる化学物質が皮膚を通して体内に蓄積！

☆経皮毒による免疫力低下がアトピー性疾患を招く

現在は当たり前のように増えたアレルギー性疾患のなかで、昔からあったのは「じん麻疹」だけです。ところが、1960年代に入ったころから、アトピー性皮膚炎、花粉症、ぜんそく、食物アレルギーなどが出現し、急速に増えてきました。そして今や、国民の半数以上がいずれかのアレルギー性疾患で悩んでいるといわれます。しかも、当初は子どもに多かったのに、現在は中高年世代にまで及んでいます。

いまだ、根本原因は解明されず、目の前の症状を抑え込むだけの対症療法が行なわれています。そこで使用される医薬品には化学物質が含まれていて、副作用があります。

私は20年前に「ミミテック受験対策親子セミナー」をスタートさせましたが、そのころセミナーに通ってくる子どもたちでアトピー性皮膚炎があったのは数%でした。ところが最近は2割を超え、3割に近づこうとしています。

痒みのため学習に集中できず、重症になると学校も休みがちになり、志望する学校への進学も難しくなることが多いのです。発症する年齢も上がってきて、最近は20代、30代の若者にも増加し、就職できないとか仕事に集中できないといったことも増えているようです。

それでも皮膚科ではステロイド剤を塗布して症状を抑えるだけの対症療法が行なわれるだけです。いったん炎症は引きますが、数日すると再び現われてきます。結局、またステロイド剤を塗布しますが、数日すると再び症状が現われるという悪循環に陥ります。

一般にアトピーのアレルゲンとして指摘されるのは、ダニやダニの死骸やフン、カビ菌の死骸や胞子、ペットの毛やフケなどです。ですから、カーペット、ソファー、布団、カーテンなどを掃除して、こうしたアレルゲンを除去することが必要です。それによって症状が軽減されるのは確かでしょうが、根本的な解決にはなりません。

人類の歴史を振り返ると、太古の昔からダニの死骸やフンなどに触れたり、吸い込んだりするのはごく普通のことだったはずですが、アトピーになることはありませんでした。

アトピー性皮膚炎が急に増え始めたのは1960年代あたりからです。それは、化学物質入りの日常生活用品が急増する時期と一致しています。それまでにも化学調味料や防腐剤、農薬などに含まれる化学物質が口から体内に入ってきていましたが、1960年代に入ると皮膚から侵入して皮下組織に蓄積される化学物質が急激に増え始めたのです。

具体的にはボディーソープやシャンプー、洗濯洗剤、台所洗剤、消臭スプレー、除菌剤などに含まれる合成界面活性剤や防腐剤、酸化防止剤などに含まれる化学物質です。

すでに発ガン性物質である農薬や合成食品添加物などが含まれた食品の危険性はわかってきていましたが、口から入ってくる毒素だけでなく、皮膚から侵入する毒素の危険性も指摘され、「経皮毒」と呼ばれるようになったのです。

経皮毒が怖いのは、口から入る場合と違い、肝臓で解毒されず、皮膚から毛細血管に直接侵入し、血流に乗って全身に巡っていき、免疫機能を低下させることです。子どもの場合は早期にアトピーなどのアレルギー症状として現われますが、大人の場合は10年、20年と時間をかけて蓄積され、発症するときはかなり深刻です。

もっと深刻なのは、体内に蓄積した経皮毒は、食べ物から入ってきた有害物質や空気中から入ってきた大気汚染物質と結びついて体内汚染をさらに悪化させることです。さらに心身のストレスも重なると、極度の免疫力低下を招くと考えられます。それがアトピー性の疾患が増える原因にもなっていることはまちがいないでしょう。

☆合成界面活性剤が二重の皮膚防御システムを破壊

じつは皮膚には、体内に毒素が侵入するのを防ぐ二重の防御システムが備わっています。

第一の皮膚防御システムが皮膚常在菌です。皮膚の表面には、皮膚ブドウ球菌や黄色ブドウ球菌をはじめ1兆個近い皮膚常在菌が棲みついていて、人体にとって外敵であるウイルスや病原菌、カビ（真菌）、ばい菌などが侵入するのを防いでくれています。

そのしくみは、皮膚常在菌が皮膚表面にあるごくわずかの脂肪を食べて脂肪酸の膜を作り出し、弱酸性の防御システムを作ることによって外敵を殺すだけでなく、皮膚下へ侵入するのも防いでいます。

第二の皮膚防御システムが皮脂膜です。毛穴から分泌される皮脂によって肌や髪の表面を覆う皮脂膜が形成され、乾燥を防ぐ役割をします。それだけでなく、病原菌やカビ菌、ばい菌のほか、さまざまな経皮毒の侵入も防いでいます。

この二重の皮膚防御システムを破壊する最大の化学物質が「合成界面活性剤」です。界面活性剤は、たとえば水と油を混じり合わせる働きをしますが、これには有毒な合成界面活性剤と、無害の天然脂肪酸（やし油、オリーブオイル、ココナッツオイルなどが材料）から作られた非イオン系界面活性剤の2種類があります。

このうち、頑固な油汚れに強い洗浄力を発揮するのが合成界面活性剤です。しかも石油から安価で大量に製造できるため、大手メーカーのほとんどの洗剤類、シャンプー、ボディーソープ、洗顔料などに使われています。

たとえば、花王や資生堂、ライオンのシャンプーやジョンソン&ジョンソンのボディーソープ、P&Gの「ジョイ」やライオンの「チャーミーグリーン」、花王「キュキュット」などの食器用洗剤、P&G「アリエール」、花王「アタック」、ライオン「ソフラン」などの洗濯用洗剤などです。驚くことに、洗浄とは無関係のはずの消臭スプレーのP&G「ファブリーズ　ダブル除菌」や花王の「リセッシュ」にも合成界面活性剤が使われています。

これらの合成界面活性剤が、第一の皮膚防御システムである皮膚常在菌を殺し、第二の皮膚防御システムである皮脂膜を壊しているのです。こうして身ぐるみをはがされた皮膚から、さまざまな外敵やアレルゲンの侵入を受けやすくなります。

そうして防波堤を失った皮膚から化学物質が脂質成分のコラーゲン繊維でできている真皮を通過して侵入し、さらに脂肪組織である皮下組織へ入り込んで蓄積されていきます。一部は毛細血管から全身へ運ばれていきます。

この皮下組織に蓄積された化学物質が臨界点の量に達したとき、化学物質が皮膚から排毒される現象がアトピー性皮膚炎です。

合成界面活性剤はタンパク質を破壊するため、皮膚細胞も破壊され、肌荒れや手荒れを引き起こすことは、さすがにメーカーも認めていて、ゴム手袋着用を促しています。毎日使い続ける主婦はもちろん、たまに使う子どもにも影響がありますし、妊婦や若い女性の場合は体内に蓄積された毒素が胎児に悪影響を及ぼす危険性すらあります。

じつは合成界面活性剤以外にも、防腐剤、酸化防止剤、殺菌剤、着色料、合成香料などに含まれる化学物質も二重の皮膚防御システムを破壊します。なかでも強力なのが「キッチンハイター」や「クリームクレンザー」などのキッチン用洗剤です。

とくにキッチンハイターに使われている塩素系の強力な薬剤「次亜塩素酸ナトリウム」を酸性タイプの製品と一緒に使ったり、塩素系の排水溝ヌメリ取り剤や食酢、アルコール、生ゴミと混ぜると有毒ガスが発生して危険です。これは注意書きにも明記されています。

ちなみに、次亜塩素酸ナトリウムは触れただけで肌荒れを起こし、飲めば最悪死にいたる危険性すらあります。ナチスがユダヤ人を殺すために使った毒ガスが塩素ガスだったことからもわかるでしょう。

ここでは、主に経皮毒の危険性について述べていますが、消臭スプレーや殺菌スプレー、蚊取り線香などに含まれる化学物質にも注意が必要です。口や鼻から侵入して気管支や肺などの呼吸器官にダメージを与えたり、血液を通して全身の細胞に蓄積され病気の原因になったりします。とくに幼児や子どもへの影響は顕著です。

化学物質を使った商品は低コストで大量生産できるため、テレビコマーシャルや新聞などのメディアを通して大々的に宣伝され、販売されます。製造コストが価格のわずか数%に過ぎない分、コマーシャルには数十%をかけています。しかも、人気のあるタレントやスポーツキャスター、スポーツ選手などを使って好感度を高めています。

その影響もあって、残念ながら多くの人々がほとんど疑いもなく使っているのが現状です。しかし、ドイツをはじめ北欧の国々では、こうした商品の使用はかなり厳格に規制されています。日本は悲しいかな、無造作に商業ベースで使用されているのが現状です。

☆赤血球を瞬時に破壊する化学物質の恐ろしさ

合成界面活性剤や次亜塩素酸ナトリウムなど石油から作られた化学物質が人体に与えるダメージはどれくらい危険なのか、位相差顕微鏡で観察してみました。

筆者と波多野昇氏の血液に、各種の生活用品を一滴添加した後の様子を写した写真です。

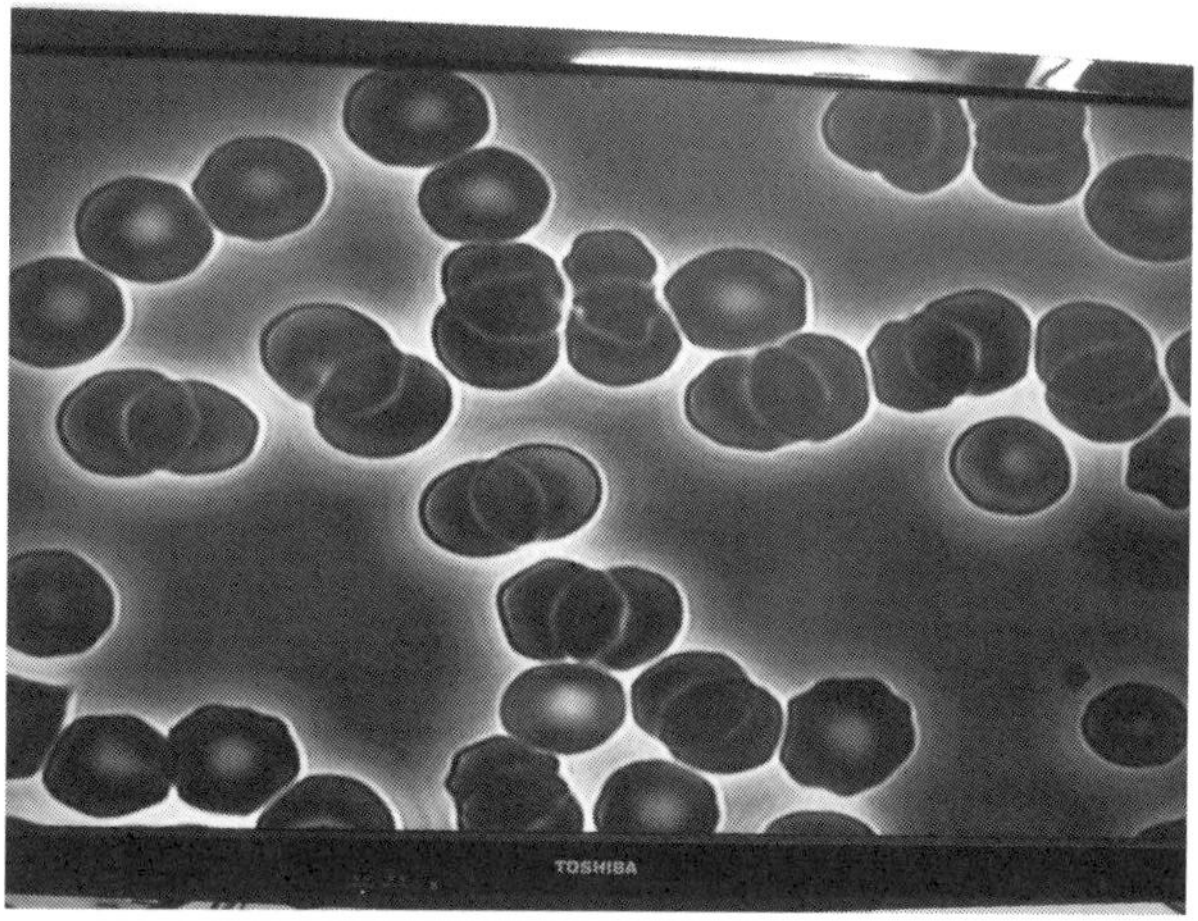

著者（松井）の添加前の血液。赤血球がバラバラでサラサラの良好できれいな血液

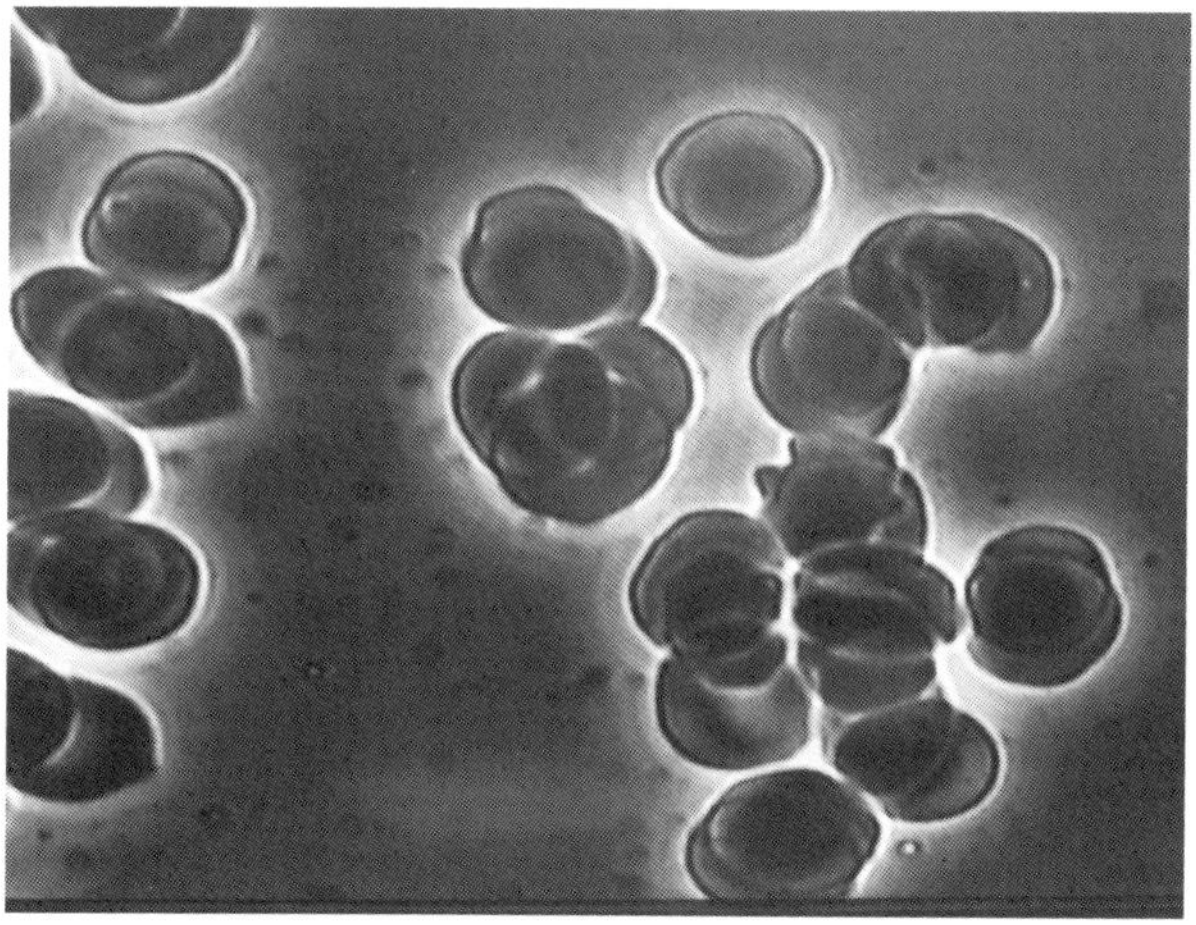

波多野昇氏の添加前の血液。少し赤血球が連鎖しているものの、ソマチッドが大量に存在する

消臭スプレー（ファブリーズW除菌）

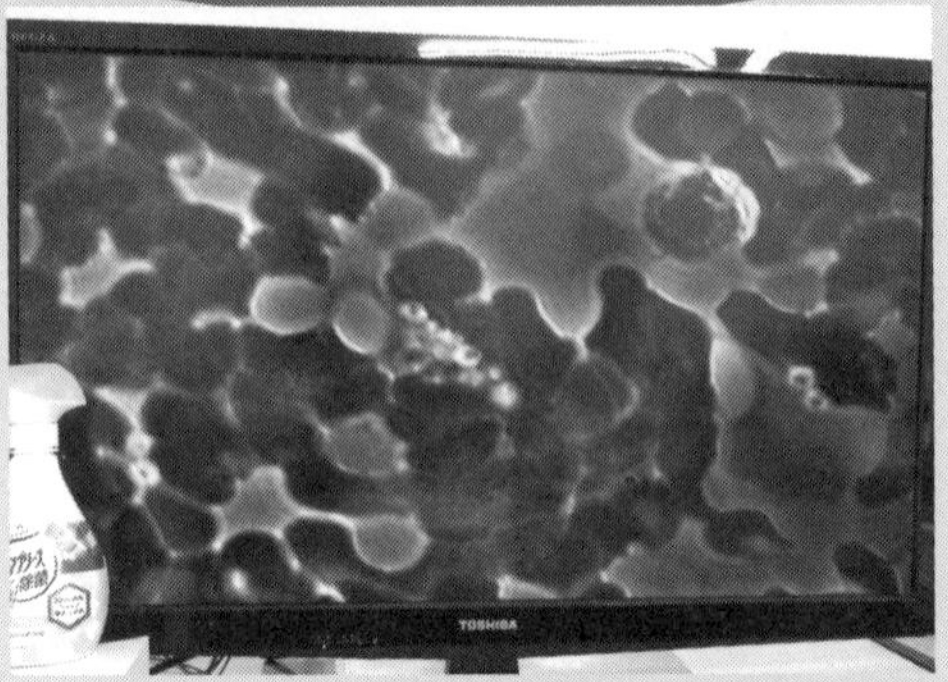

スプレー液を一滴添加した後の画像を見ると、塩素系の塩化ベンザルコニウムという合成界面活性剤がタンパク質と脂質の構成成分の赤血球を瞬時に破壊したことがわかる。

ボディーソープ（ライオン植物物語）

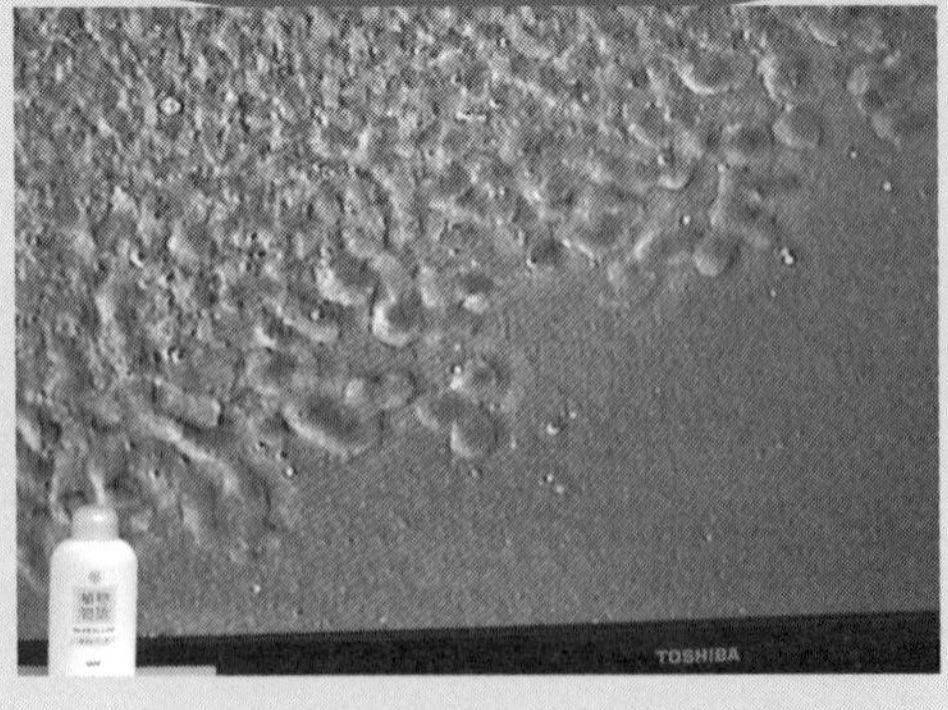

ボディーソープの液を一滴添加した後の画像を見ると、合成界面活性剤が瞬時に赤血球を溶かしたことがわかる。

コンディショナー
（資生堂高純度椿オイルコンディショナー）

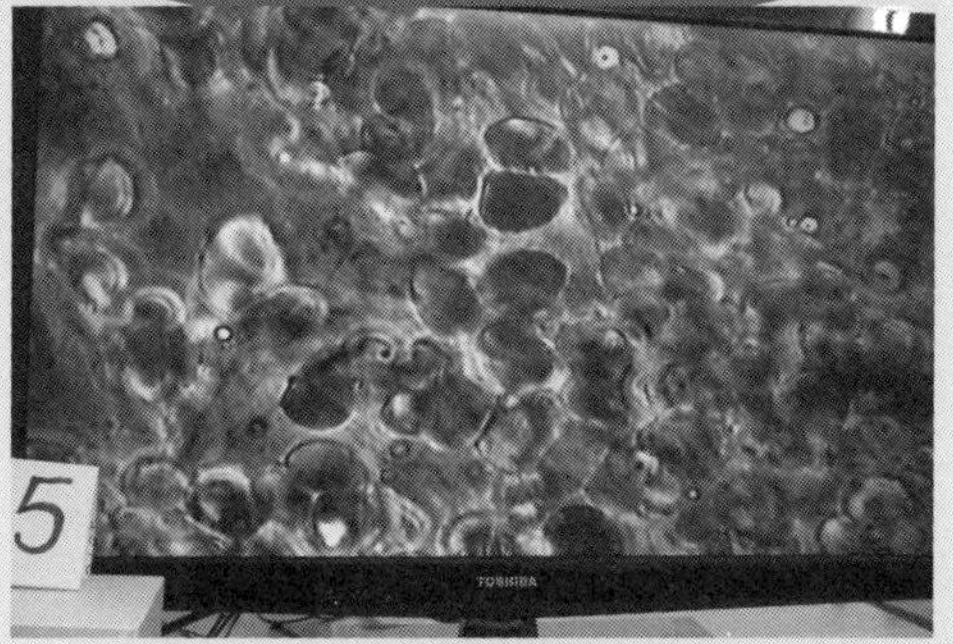

オイルコンディショナー（肌荒れを引き起こす合成界面活性剤が多く入っている）の液を一滴添加した後の画像を見ると、瞬時に赤血球を破壊したことがわかる。

衣料用漂白剤（ハイター）

衣料用漂白剤を一滴添加した後の画像を見ると、次亜塩素酸ナトリウムが主成分とする合成界面活性剤が赤血球を破壊していることがわかる。
キッチン用もほぼ同じ。とても強力な破壊能力をもつアルキルベンゼンスルホン酸ナトリウム（LAS）なども入っている。

食器用洗剤（キュキュット）

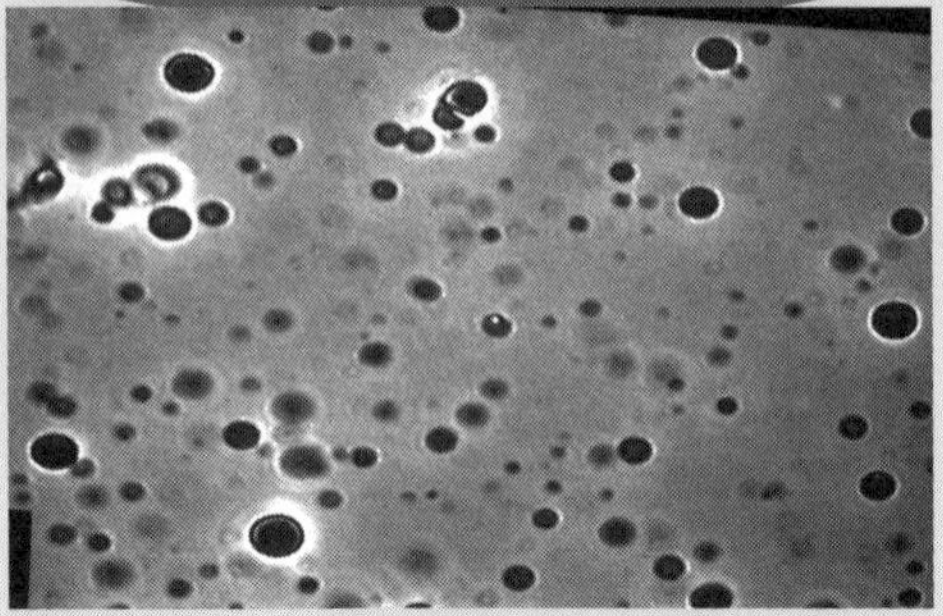

血液に食器用洗剤（合成界面活性剤が６種類入っている）を一滴添加すると、一瞬で赤血球は破壊され、弾け飛んだ。合成界面活性剤以外にも、胎児に先天異常をもたらしたり、ガンやアレルギーを引き起こしたりする可能性のある安定剤や化学物質を含む香料が入っている。

シャンプー（花王メリット）

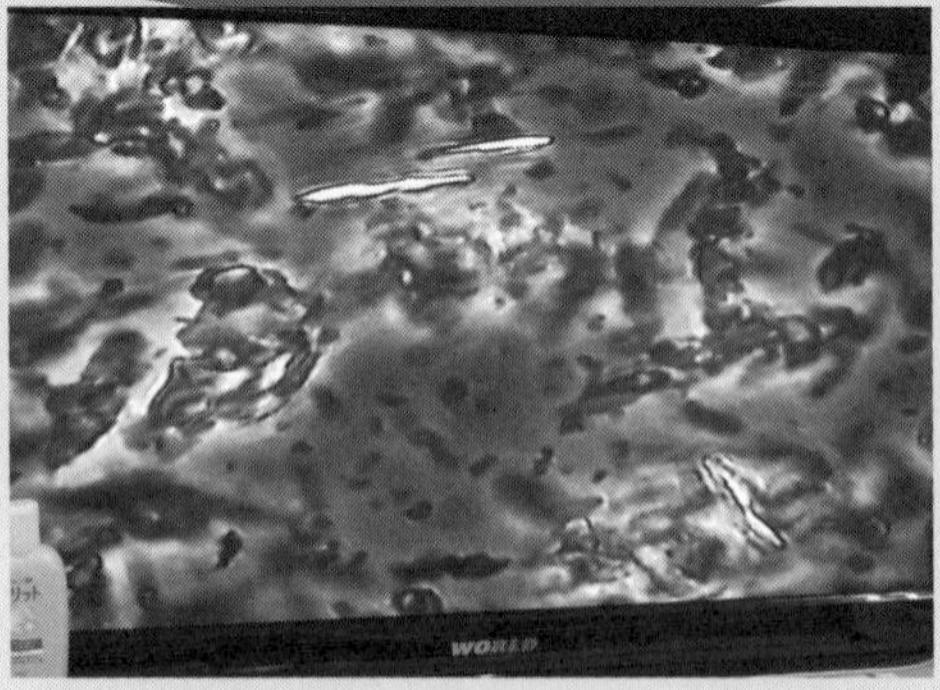

シャンプー（危険度の高い合成界面活性剤が８種類入っている）を一滴添加した後の画像を見ると、一瞬で赤血球を破壊し尽くしたことがわかる。

ボディウォッシュ（花王ビオレ）

ボディウォッシュを一滴添加した後の画像を見ると、赤血球が一瞬にして破壊されたことがわかる。ボディウォッシュには危険度の高い合成界面活性剤が複数使われていて、脂質が取り除かれ、皮膚が乾燥しすぎてしまう。ジョンソン＆ジョンソンのボディウォッシュには、さらに多くの殺菌剤や防腐剤まで入っていて、強力な破壊力をもっている。

洗顔料（花王ビオレ）

洗顔料（合成界面活性剤、防腐剤、香料などの危険な化学物質が多数入っている）を一滴添加した後の画像を見ると、一瞬で赤血球を粉々に破壊してしまったことがわかる。

洗濯洗剤（柔軟剤入りのアリエール）

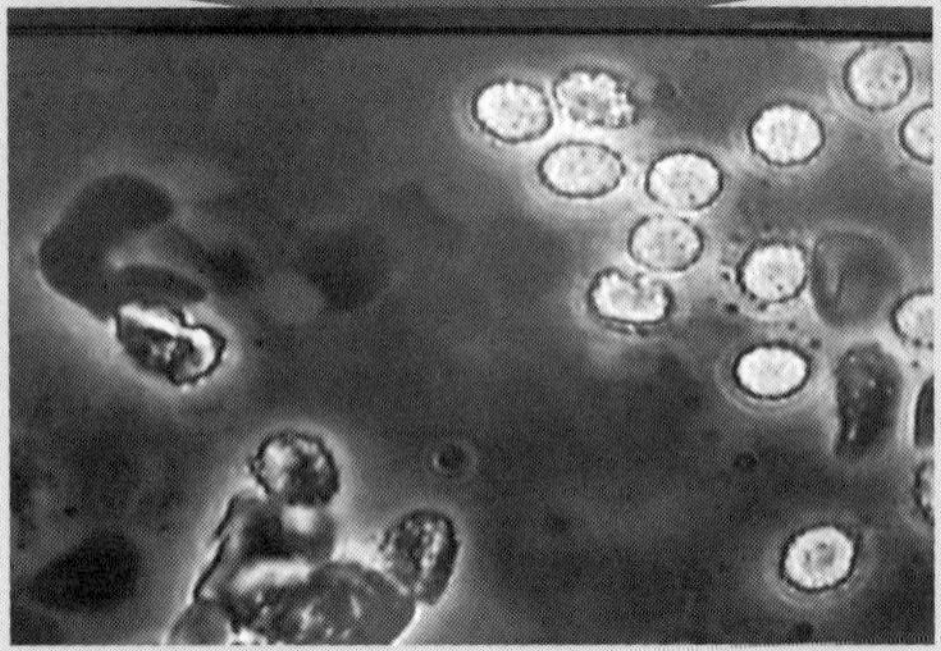

洗濯洗剤を一滴添加した後の画像を見ると、瞬時に赤血球を溶かしてしまったことがわかる。写真の右上はガラスカバー外のため洗濯洗剤が浸み込む直前の状態。赤血球の酸素が抜け、白くなり、ソマチッドが避難している。

洗濯洗剤には最強の洗浄力（タンパク質を分解）をもつアルキルベンゼンスルホン酸ナトリウム（LAS）を主成分に、複数の合成界面活性剤が入っている。発ガン性のある蛍光増白剤も入っている。一回のすすぎでは、合成界面活性剤などの化学物質が落ちきらず、洗濯物に残留している。下着の場合は、その化学物質が皮膚から体内に侵入し、経皮毒となる。ハイターも同様である。

ここで取り上げた消臭スプレー、ボディーソープ、オイルコンディショナー、洗濯洗剤、衣料用漂白剤、食器用洗剤、シャンプー、ボディウォッシュ、洗顔料などは、ほとんどの人々が毎日、何ら疑問も持たず使っているものばかりです。しかし、そのほとんどに石油から化学合成された化学物質が含まれています。それが赤血球を瞬時に破壊してしまいます。

☆ステロイド治療の危険性

ほとんどの皮膚科や内科でのアトピー性皮膚炎への標準治療法は、ステロイド剤を患部に塗って症状を抑える対症療法です。しかし、これは痒みや炎症をステロイド剤で一時的に抑え込むだけで、再び炎症は生じます。そこで、再度ステロイド剤で抑え込みます。これを繰り返すうちに、ついには強いステロイド剤でも効かなくなってしまいます。

それどころか周囲の正常細胞まで傷つけてしまい副作用をもたらします。そのうえ、使い続けるとステロイドが皮膚組織に蓄積されていきます。これでは根本治療にはほど遠く、かえってアトピーを重症化するばかりです。

そもそも「痛み、痒み、腫れ、熱」などの炎症は、細胞内のミトコンドリアの働きで身体を元の健康な状態に戻そうとするためにつくられるプロスタグランジン（生理活性物質）の働きによるものです。つまり炎症とは、人体の組織障害を治そうとする自然治癒力が作用することで起こっている現象なのです。

ところがステロイド剤は、ミトコンドリアがプロスタグランジンをつくれないようにしてしまうため、アトピー性皮膚炎の治癒がストップしてしまうのです。

そのうえ、ステロイド剤を使い続けると、交感神経が緊張状態を続け、血管が収縮して血流障害を招きます。その結果、細胞は酸素不足となり、ミトコンドリアの働きが低下してエネルギー産生が減少するため、低体温化します。低体温は、白血球の中のリンパ球を減少させるので免疫力が下がり、細菌やウイルス、カビなどに感染しやすくなります。

このように、ステロイド剤は一時的に症状を抑えているだけで、決して根本から治しているわけではありません。それどころか、ステロイド剤のような医薬品を使い続けると、免疫力の低下を招き、新たな病気や障害を生み出すことにもなるのです。

☆100%自然素材のパワーを検証

石油化学で作られた日常生活用品の使用を一切止め、あくまで化学物質の入らない自然素材による日常生活用品に切り替えることが、本来的な根本予防法です。

戦前まではアトピー性皮膚炎が存在しなかったことがそれを物語っています。

論より証拠、木曽ヒノキを中心に35種類からなる国有林の樹齢数百年木から抽出した香り精油を使った消臭ミストスプレーや洗剤、浴用木曽ヒノキ水、シャンプー&ボディーソープなどを位相差顕微鏡で検証してみました。

［天然素材で作られた「MORI AIR」関連日常生活用品実験］

次頁の写真1は筆者（松井）の実験前の血液です。酸素量が多く、赤血球はバラバラでサラサラの血液です。原始ソマチッドも多く、最良の状態です。

そんな筆者の血液にMORI AIRの関連日常生活用品を加えた場合、どんな変化が現われるかを実験してみました。

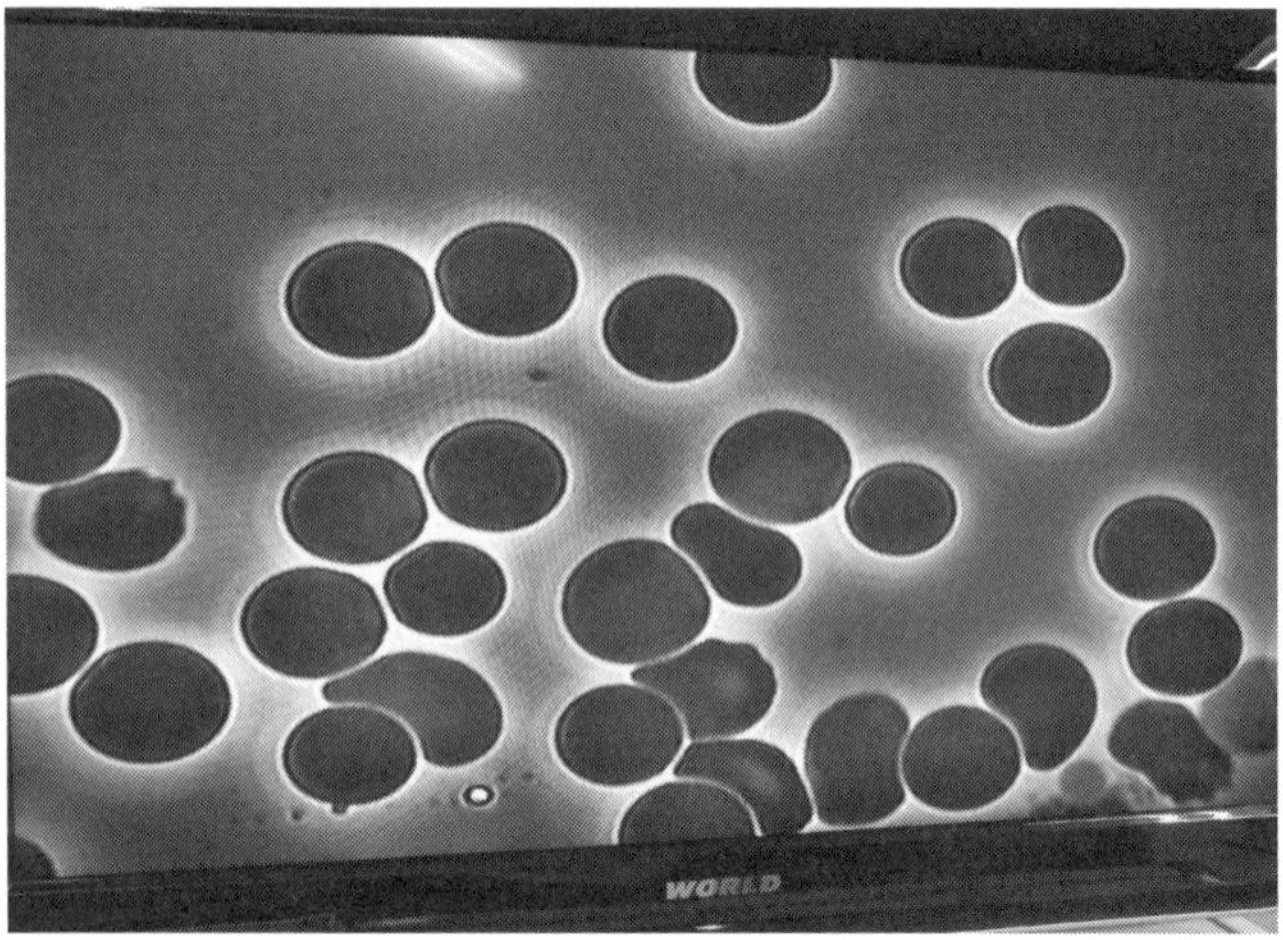

写真１／実験前の著者（松井）の血液写真

①徐菌・消臭の酸素パワー洗剤ジョキンメイト（粉末）

通常使用の１０００倍希釈液を一滴血液へ添加直後の写真です（写真２）。赤血球はまったく変化していません。

ジョキンメイトの炭酸塩などによる酸素パワーで、ガンコな油汚れまで除去されます。森の香り精油を入れた１００％自然な洗剤です。数百倍〜１０００倍希釈で、洗濯、食器、台所、あらゆる用途に使え、直接洗うことができ安心安全でオールマイティーなパーフェクト洗剤です。しかも、環境を浄化する洗剤です。

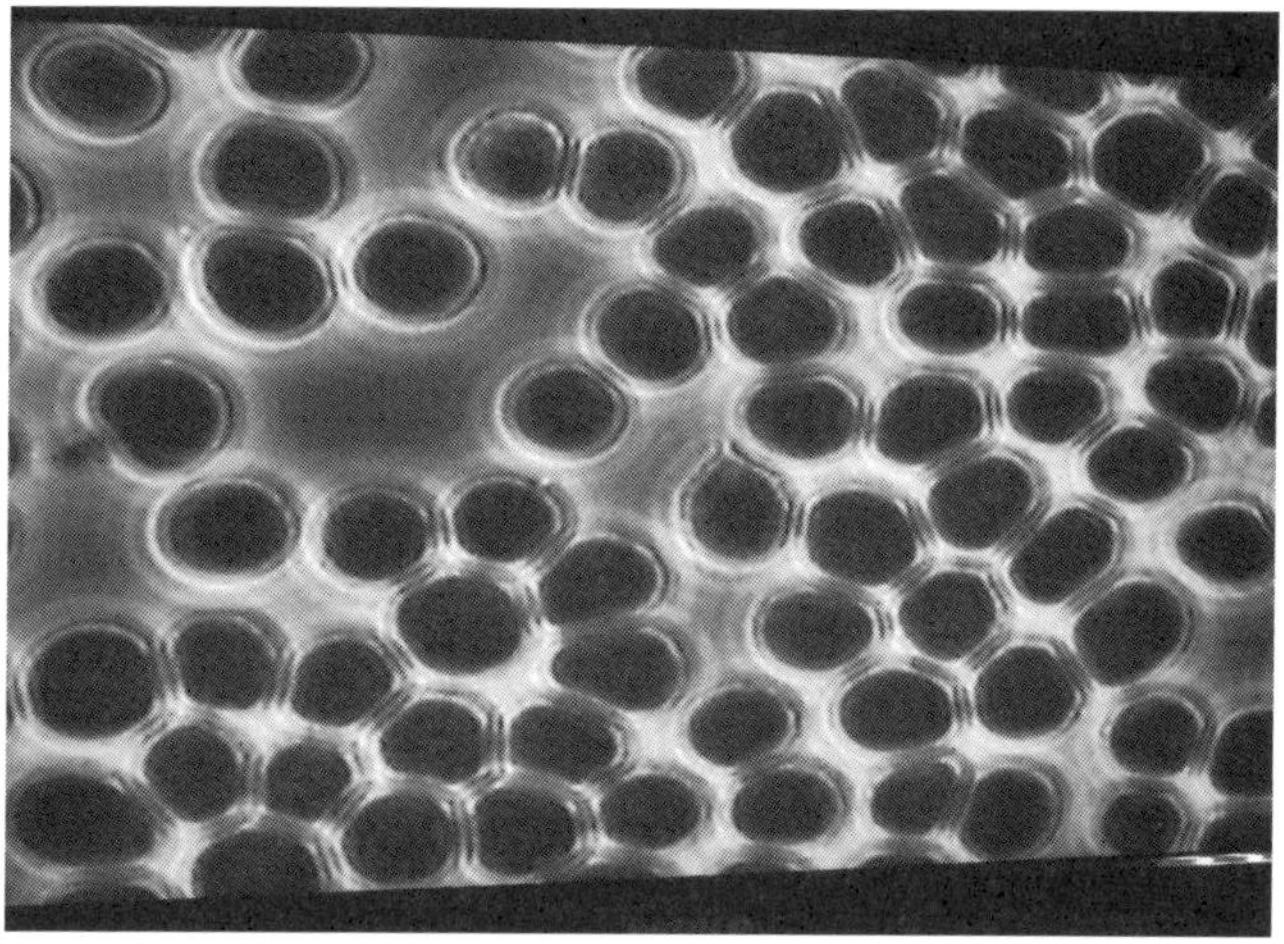

写真２／希釈したジョキンメイトを血液に一滴添加した直後の画像

②ＭＯＲＩ ＡＩＲの森の香り精油を水で30倍希釈

森の香り精油を水で30倍に希釈し、その一滴を血液に添加した後の写真です（写真３）。赤血球も血液もまったく変化していません。むしろ、原始ソマチッドが増加し、躍動しています。

③シャンプー＆ボディーソープ　ヒノカシャンプー

シャンプー＆ボディーソープであるヒノカシャンプーを水で10倍に希釈し、その一滴を血液に添加した後の写真です（写真４）。

酸素の減少とか赤血球の連結が少し生じたものの、赤血球はまったく損傷を受けていま

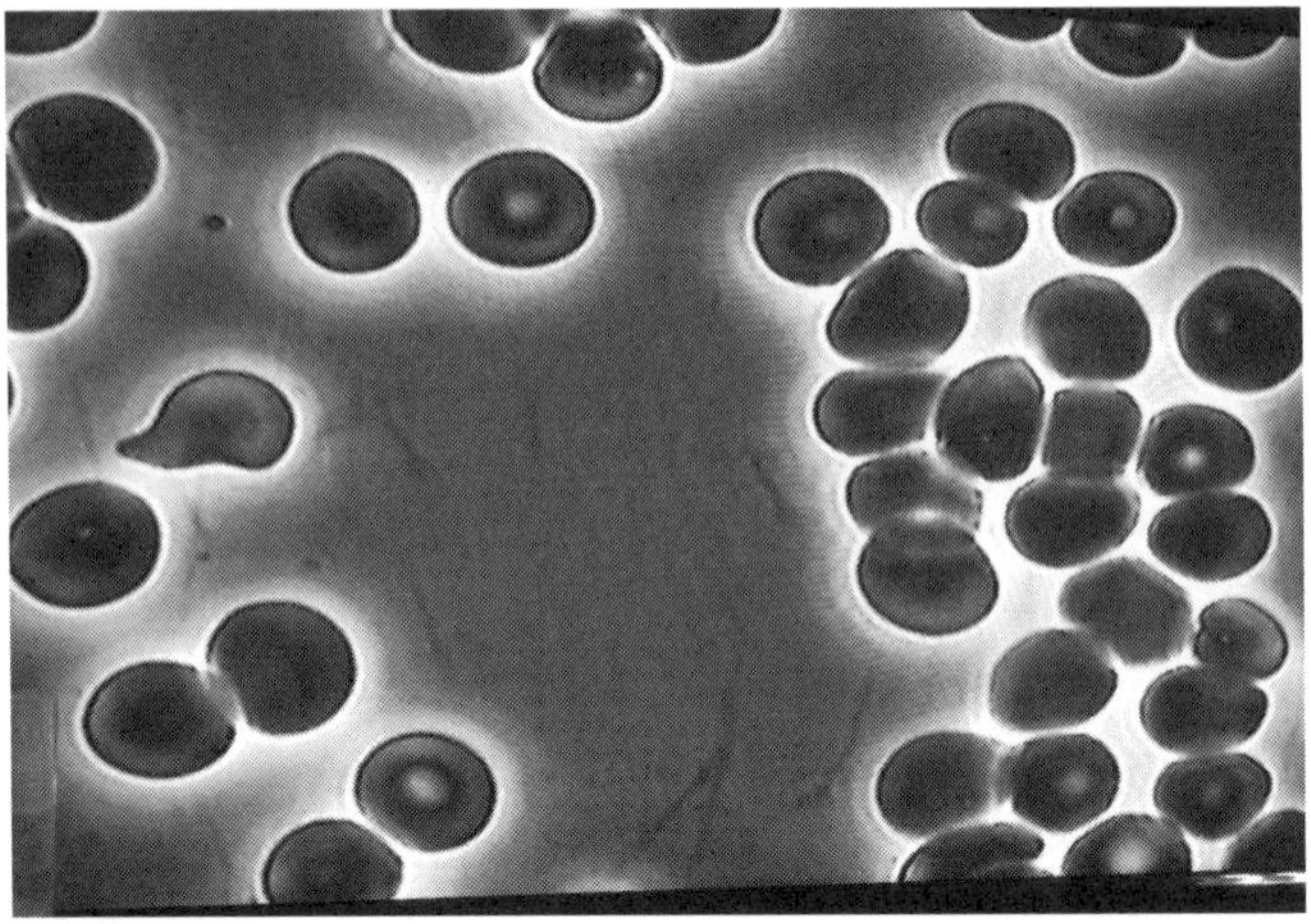

写真３／希釈した森の香り精油を血液に一滴添加した直後の画像

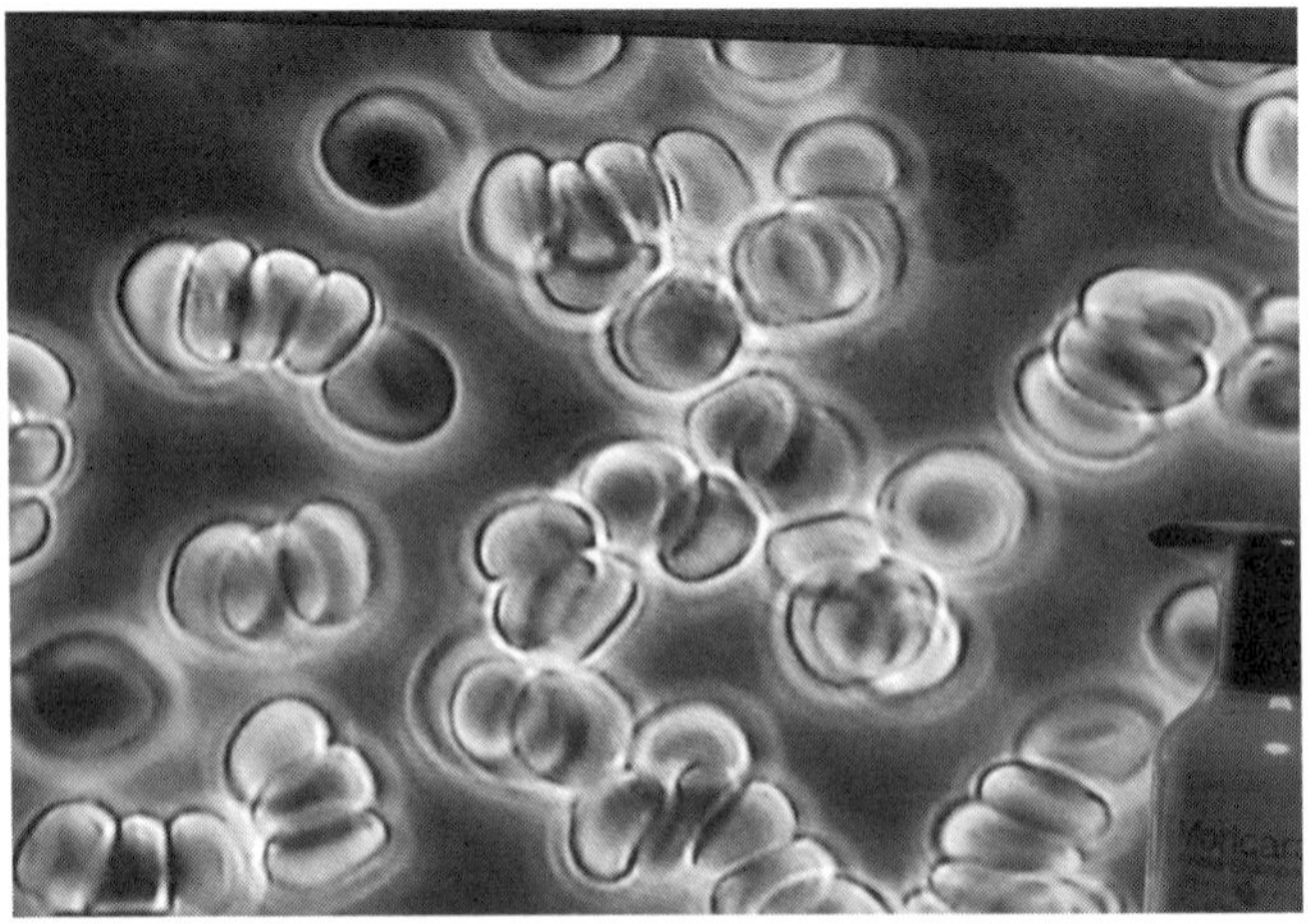

写真４／希釈したヒノカシャンプーを血液に一滴添加した直後の画像

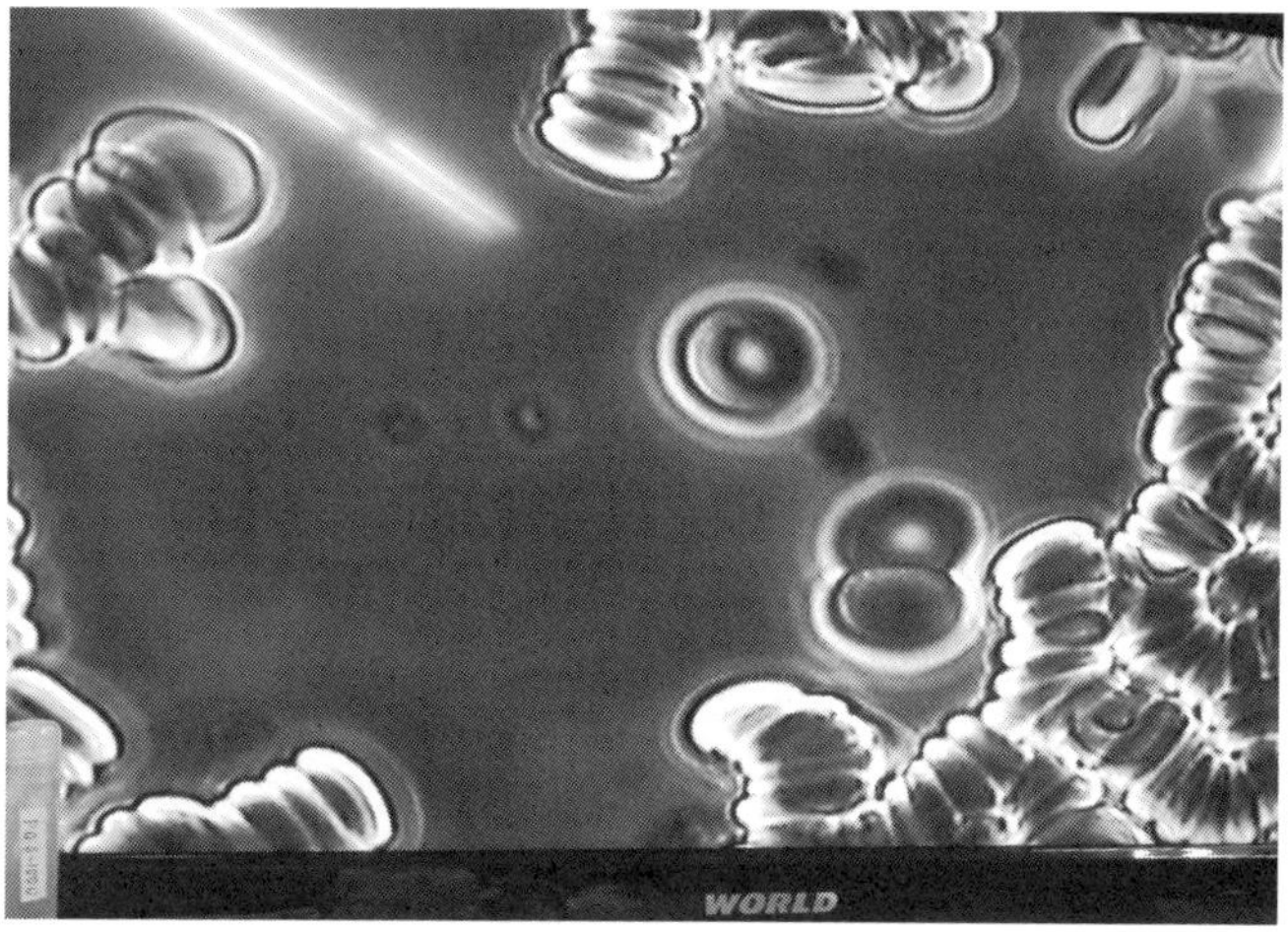

写真5／希釈したPGS-1000を血液に一滴添加した直後の画像

せん。

合成界面活性剤入りの花王メリットシャンプーやビオレUなどのボディーソープなどが、赤血球を瞬時に全破壊してしまうのと比べ、森の香り精油を使ったヒノカシャンプー（シャンプー&ボディーソープ）は、人体や環境にやさしく安心して使えることがわかります。

④PGS‐1000（無農薬農業用の植物活力液、有機JAS認定土壌改良剤）

PGS‐1000を水で1000倍に希釈し、その一滴を血液に添加した後の写真です（写真5）。

まったく、赤血球も血液も変化していません。むしろ、原始ソマチッドが増加し、躍動しています。

筆者は、幾度も試しに飲んでみましたが、まったく無害でした。一般の農薬を飲めば死に至ります。

PGS‐1000を1000倍から2000倍に希釈し、野菜や果物の木、葉、花などに毎週散布することで、土壌中の病原菌、腐敗菌、ウイルス、有害カビ菌を殺し、有益菌を増加させ土壌を改良します。

害虫が逃げ、病原菌やウイルスも殺すため、野菜、果物、花等きれいで大きく成長し、長い期間楽しめます。発酵菌が増加し、腐敗菌や病原菌、カビ菌が死にます。

⑤除菌・消臭ミストスプレー

写真6は実験前の波多野氏の血液です。このときは水分不足で赤血球が連結している状態でした。この状態で血液にミストスプレーの液を一滴添加した後の写真が写真7です。赤血球がバラバラになり、血液がサラサラになっているのがわかります。原始ソマチッドが増加し、躍動しているのもわかります。

ファブリーズは赤血球を全部瞬時に破壊しましたが、森の香り精油を使った100％天

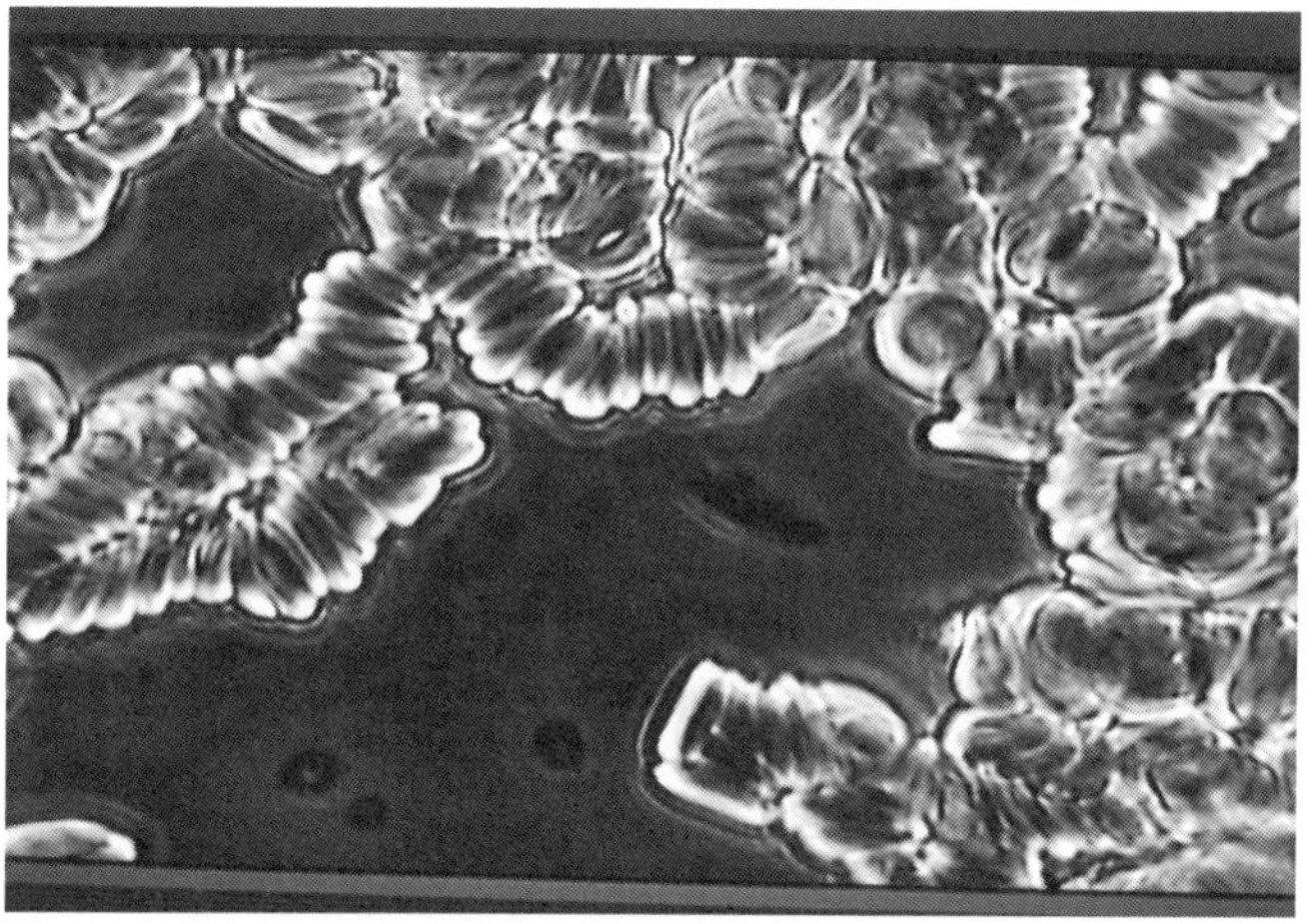

写真６／実験前の波多野氏の血液

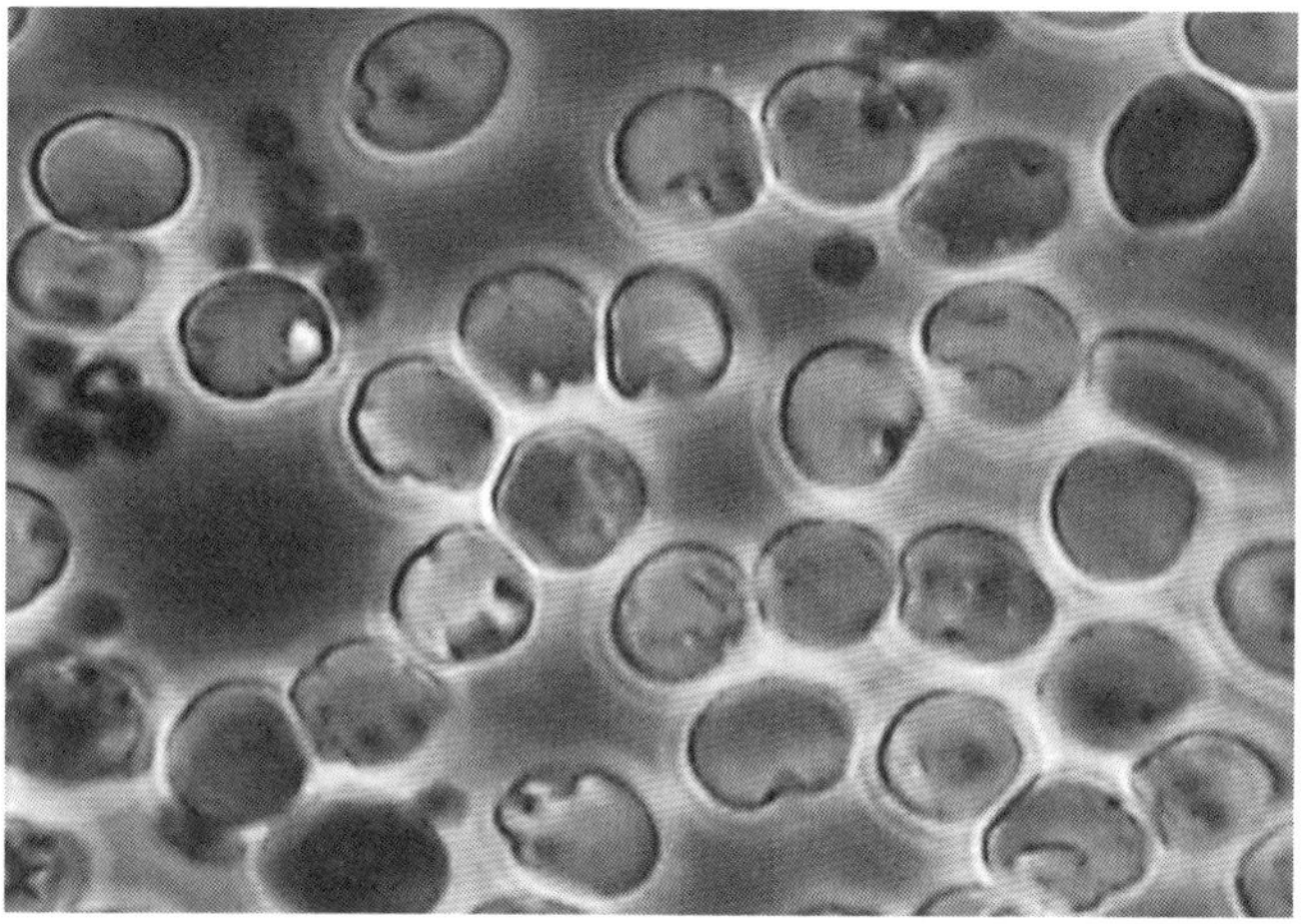

写真７／波多野氏の血液にミストスプレーの液を一滴添加した直後

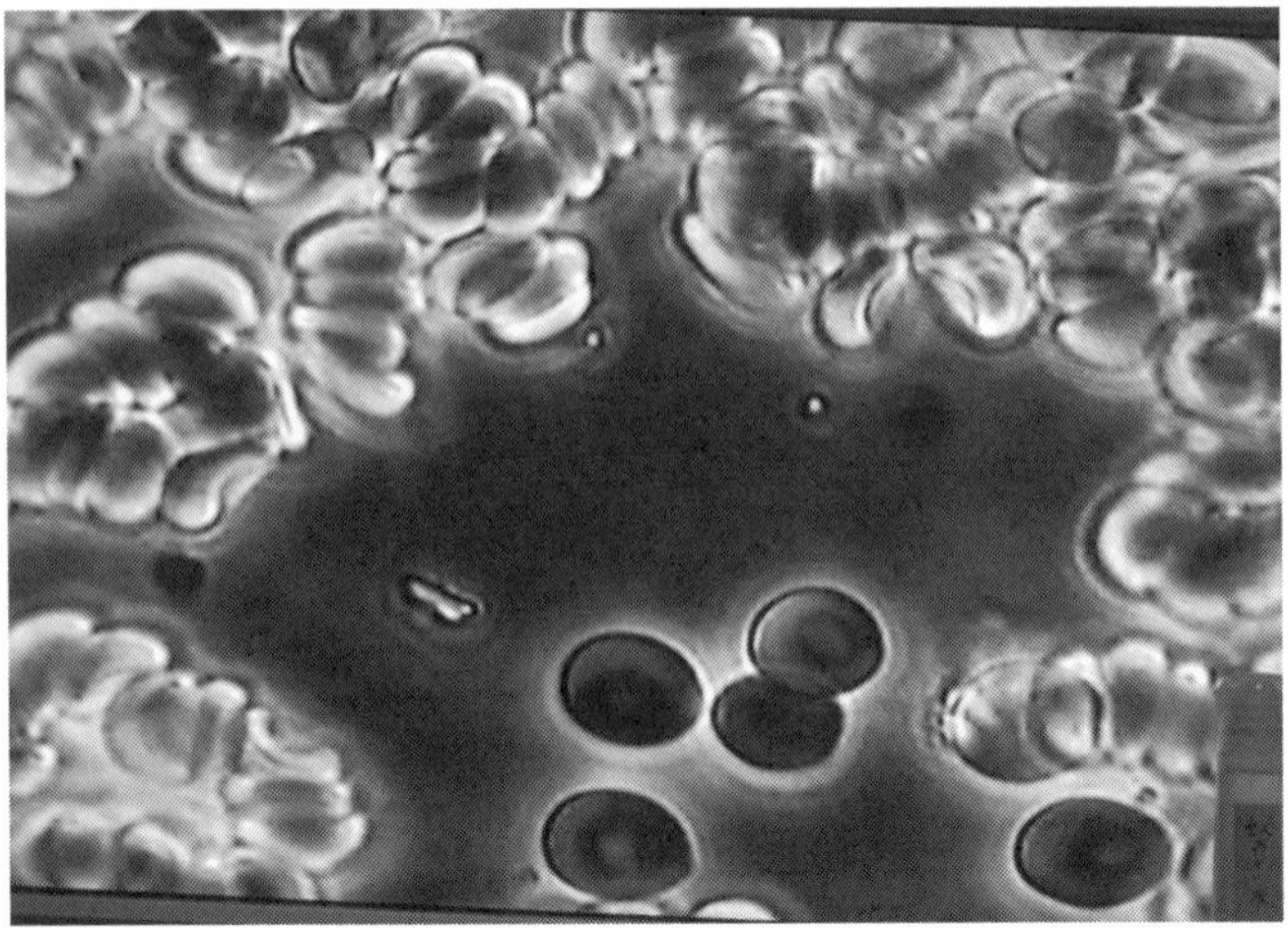

写真８／希釈した木曾ヒノキ水を一滴添加した直後

然の除菌・消臭ミストスプレーは、人体にも環境にも安全安心なことがわかります。

⑥木曾ヒノキ水

同じく波多野氏の血液に、木曾ヒノキ水の１０００倍希釈液を一滴添加した後の写真です（写真８）。ドロドロに近い赤血球の連鎖がゆるみ、赤血球がバラバラになり、サラサラの血液になっていることがわかります。

☆根本から改善する方法

1　木曽ヒノキ水を1000倍に希釈した風呂に入浴する

森の香り精油を抽出する際に大量に出た木曽ヒノキ水を入浴に使用します。これによって、痒みや湿疹、炎症を抑えながら、皮下組織に蓄積された化学物質などの毒素を排毒（デトックス）し、自然治癒させていきます。

高1の娘のアトピー皮膚炎が1カ月半で治まった

主婦（39歳・大阪府）

中2でアトピー性皮膚炎が発症した娘は、皮膚科で出されたステロイド剤をしばらく続けていました。一時的に症状が治まるが再発する。それをくり返しているうちに、かえってひどくなっていきました。

思い切ってステロイド剤を止めると、リバウンドでもっと炎症が悪化しましたが、その後はなんとなく我慢できる状態が続いていました。そんななかで松井先生のセミナーを受け、木曽ヒノキ水の風呂に毎日入ることにしました。

驚いたことに、翌朝風呂の水を見るとヌメヌメしていて、浴槽面にまで滑りは付着していました。皮下組織に溜まっていたステロイドが排毒されたのだと思いました。一週間ほど続けていると、浴槽面の滑りはなくなりました。

肉や揚げ物を減らし、野菜を多く摂るようにしました。手づくりの酵素も毎食後飲むようにしました。

発赤のある湿疹や痒みが徐々に治まり、1カ月半後には完全にアトピー症状は治まりました。

小6の孫娘のアトピー性皮膚炎が木曽ヒノキ水風呂できれいに

主婦（64歳・愛知県）

孫娘が下痢とアトピーで悩んでいました。親の転勤で地元に戻り同居することになったので、腸を改善する食事に切り替え、さらに手づくり酵素を毎食後飲ませました。2カ月ほど経つと、下痢がまったくなくなりました。アトピーも少しずつよくなってきました。

半年経ったころから、さらに木曾ヒノキ水を１０００倍希釈した風呂に毎日入浴しました。すると、1カ月過ぎたころには痒みも赤みも完全になくなりました。

木曾ヒノキ水には、森の香り精油と同じくフィトンチッドパワー、アロマテラピーパワー、原始ソマチッドパワーが備わっています。フィトンチッドパワーによる殺菌力で皮膚の炎症患部に侵入した細菌を殺し、炎症を抑え、発赤の湿疹を和らげます。原始ソマチッドパワーで免疫力も高まります。

原始ソマチッドが大量に皮膚から入り込み皮下組織の細胞に入ると、ミトコンドリアにマイナス電子を供給します。するとミトコンドリアが活性化して、より多くのエネルギーをつくり出します。それによって代謝活動が活発になり、冷えていた皮膚の体温が上昇し、リンパ球が活性化し、免疫力もアップします。

その結果、細胞内に蓄積されたステロイド剤や化学物質が排毒されます。それが、朝の浴槽の滑りや汚れになっていたのです。

注）木曾ヒノキ水の代わりに、森の香り精油を2万倍に希釈して使うこともできます（お湯１５０ℓに対し精油７・５㎖）

2　森の香り精油でアトピーのアレルゲンを無害化する

合成界面活性剤などに含まれる化学物質によって二重の皮膚防御システムが破壊されると、空気中に漂っているカビ菌の胞子や死骸、ダニの死骸やフン、ハウスダスト、ウイルス、細菌などのアレルゲンが皮膚に侵入しやすくなります。

このようなアレルゲンを防ぐ方法の一つは、空気清浄機でアレルゲンをキャッチして除去することです。しかし、この方法ではアレルゲンの発生自体を抑えることまではできません。

アレルゲン対策に40年近く研究を続けた結果、私が行き着いた結論はアレルゲンの発生源を抑えてしまう方法です。そのためにもっとも有効なのがＭＯＲＩ　ＡＩＲで森の香り精油を空気中に滞留させ、フィトンチッドパワーでアレルゲンをすべて除去してしまうことでした。

たとえば、ツメダニが夜な夜な畳から表面に出て、ツメダニアレルギーに悩んでいた方がＭＯＲＩ　ＡＩＲを寝室に設置することで、ツメダニが夜、畳表面に出現しなくなり、刺されることがなくなったといいます。子どものぜんそくが出なくなったとか、アトピーで悩む子どもたちの症状が軽減したという報告がたくさんあります。

3　オメガ3オイルで炎症に強い皮膚細胞膜をつくる

細胞膜は6割が脂質、4割がタンパク質で構成されています。脂質に多く含まれる脂肪酸には飽和脂肪酸と不飽和脂肪酸があり、体内でつくることのできない不飽和脂肪酸（必須脂肪酸）として「オメガ3」や「オメガ6」があります。

オメガ6の代表的な脂肪酸がリノール酸ですが、現在の食生活ではこのリノール酸を摂りすぎています。リノール酸が多く含まれているのが家庭によくある調理油、サラダ油に含まれています。炎症を起こしやすい細胞膜をつくり、アレルギーやガンの原因になります。

同じく不飽和脂肪酸の一つがトランス脂肪酸ですが、摂りすぎると冠動脈疾患のリスクが高まるともいわれます。トランス脂肪酸が多く含まれるのがマーガリン、ショートニング、マヨネーズなどです。

炎症を起こしにくい丈夫で安定した柔軟な細胞膜をつくろうとすれば、オメガ3の代表的な脂肪酸であるα‐リノレン酸が最適です。この脂肪酸を多く含むのがエゴマ油やシソ油、亜麻仁油などです。青魚に多く含まれるＤＨＡやＥＰＡもオメガ3です。

軽いアトピーの場合、食用油をオメガ3に変えただけで治まった子どももたちもいます。

4　腸内環境を改善する

アトピー性皮膚炎、他のアレルギー疾患（花粉症、アレルギー性鼻炎、ぜんそく、食物アレルギー）、自己免疫疾患（関節リウマチ、膠原病、潰瘍性大腸炎）に共通しているのが、腸内腐敗によるリーキーガット症候群です。詳しくは、弊著『常識が変わる200歳長寿！若返り食生活法』（コスモ21刊）を参考にしてください。

アトピー性皮膚炎になる人には、肌がカサカサしていることが多いといわれます。それは、肉食や揚げ物などでトランス脂肪酸などの悪い油を多く摂りすぎていること、さらには合成食品添加物、白砂糖、農薬、医薬品などから化学物質を大量摂取していることで腸内腐敗が進んでいることが影響しています。

スーパーの加工食品、コンビニ弁当、ジャンクフード、ファストフードなども腸内腐敗の原因になります。

腸内腐敗が進むと、悪玉腸内細菌がアンモニア、硫化水素、インドールなどの有害物質を発生させ、それらを吸収する小腸の繊毛細胞に穴が開く現象（リーキーガット症候群）が起こります。その穴から、消化分解不足のタンパク質や脂質、炭水化物、さらには腐敗物質、化学物質などの異物や毒素が血管へ入り、全身を巡って臓器や細胞に蓄積されていきます。

このとき、異物や毒素と戦う免疫細胞（白血球）が過剰反応を起こすようになり、さらに解毒の働きをする肝臓や腎臓が限界に達すると、皮膚から排毒しようとします。それがアトピー性皮膚炎を起こす要因のひとつになっています。

アトピーなどのアレルギー症状を改善するいちばんの対策は、善玉優位の腸内環境を回復させることです。それには、悪玉菌が大好きな肉やトランス脂肪酸を思い切って減らし、善玉菌が好きな食物繊維や発酵食品、大豆系の食品や背の青い魚を増やすことです。加えて、手づくり酵素を摂ることで、腸内環境が劇的に改善し、善玉菌優位の状態になります。

5　運動をし、汗をかき、ストレスを解消する

受験や仕事、人間関係などで精神的ストレスを日々抱えていると、交感神経優位の状態が続き、活性酸素が大量に発生します。それによって皮膚細胞の細胞膜を構成する脂質が酸化されダメージを受けるため、アトピーの症状はますます悪化します。

アスリートは一般人よりはるかに大きなストレスに曝されますが、アトピー性皮膚炎を発症する人はほとんどいません。それは、常に運動することでミトコンドリアが活性化し

て代謝（排毒）が促され、汗をかき、皮膚組織の毒素が排出されるからです。

遠赤外線も皮膚組織の毒素の排泄に効果的です。遠赤外線が皮膚組織深くまで届くと、血液内のソマチッドが活性化し電子が発生します。それがミトコンドリアに供給されることでミトコンドリアが活性化し、代謝が高まるので重金属や化学物質の排出が促されます。酵素風呂でも同じ効果が期待できます。

6 アトピー症状が重い場合の対策

皮膚科では、ステロイド剤を使い皮膚細胞のミトコンドリアの代謝活動を止めて、皮膚からの毒素排出を抑え込むことで症状を緩和しようとします。しかし、これは一時的なダマシにすぎません。これでは、皮膚組織に蓄積した毒素が排出されませんし、かえってステロイド剤まで皮膚組織に蓄積されていきます。その結果、もっと症状を重くしてしまうわけです。

これでは何ら根本的な解決にはなりません。本当に必要な対処法は、ミトコンドリアの代謝活動をできるだけ促して化学物質の排出を進めることです。それによってこそ、皮膚組織は再生していきます。

大地の精と野草酵素の湿布シートで長年苦しんできた全身のアトピーが改善した！

野口夏子さん（60歳・宮崎県）

長年、アトピーで苦しんできました。ステロイド治療は、一時的に症状を抑えるだけで、使い続けることで更に悪化し、根本的な治療とは真逆なことがわかったので、ずいぶん前に止めました。しかし、いっこうに治るどころか、とうとう全身にまで広がってしまいました。そんな時、都城市で行なわれた「手作り酵素と健康食セミナー」で講師の松井先生に相談し、アドバイスを受けました。まず、手作り酵素を飲み続けることで腸の改善を図ることからスタートしました。そして、松井先生から「アトピーは病気でなく、長年体内に蓄積された科学物質を排毒する代謝活動です。体内に蓄積した毒を出し切ったら、アトピーは根治しますよ。ただ、60歳の年齢では毒出しに3カ月以上はかかりますよ」と言われました。

5月10日から「大地の精パウダー」と手作り野草酵素を混ぜ合わせガーゼに伸ばし、湿布シートをつくり、綿布のシートで覆い患部に貼って、夜眠り朝はがしました。特に、手の甲、腕、腹部は毎晩行ないました。

ところが、1カ月後の6月9日に突然、38℃台に発熱し驚き、松井先生に相談したところ、ミトコンドリアによる代謝活動による好転反応だから安心して続けるように言われました。38℃台の熱は、一日で37℃台に下がり、その後、少しずつ熱は下がり続け、7月27日に平熱の36・8℃に回復しました。顔には、毎日、基礎化粧水代わりに、昆布を発酵させた酵素「海の精」を使い、殺菌と肌の栄養にしました。顔のアトピーがひどい日には、体の患部と同様に大地の精パウダーと野草酵素で作った湿布シートをお風呂後、顔にパックするように朝まで貼っていました。

お風呂に木曾ヒノキ水を1000倍希釈レベルで入れて、毎日入っていました。顔のアトピーが最初になくなり、肌はきれいになりました。体全体のひどいアトピーも徐々に元の肌に回復し、今日でちょうど3カ月経ちました。

小中学生や高校生のアトピーは1カ月前後で毒出しが完了し、きれいな元の肌に回復します。ミトコンドリアによる代謝力とスピードが大人より速いためですが、中高年になるとその数倍の期間を要します。野口さんは、本当に辛抱強く3カ月間やり続けたと感心します。

大地の精と木曾ヒノキ水には、大量の数億年前の原始ソマチッドが含まれています。この原始ソマチッドが肌から直接浸透し、ＤＮＡの前駆体として働き、健康な若い皮膚細胞を作り上げているからです。と同時に、壊れた皮膚細胞の変性タンパク質をソマチッドが分解しています。併せて、野草酵素に含まれる大量の酵素、補酵素（ミネラル、ビタミン）、抗酸化物質（フィトケミカル）、必須アミノ酸、良質の脂肪酸、生命体エネルギー等が皮膚細胞に浸透することでミトコンドリアが活性化し、多くエネルギーを生成し体温を上げます。その結果、免疫細胞の働きが高まり抗ウイルス、抗菌力、代謝力をアップさせます。また、細胞内に蓄積された化学物質や毒素をミトコンドリアの働きで排毒（デトックス）します。アトピーが比較的軽度だったり、アトピー歴が短い場合は、野草酵素に大地の精パウダーを混ぜ、直接患部に塗り、その場で軽く手の平でパッティングします。10分〜15分ほどで、皮膚細胞に溜まった化学物質などの体内毒素がネバネバ状態で排出します。同時に、皮膚細胞に必要な各種栄養素が供給され、アトピー症状が早く消えます。

【野草酵素の絞りカスで湿布する】

ここでは、それを加速する方法を紹介します。

①春の野草酵素（55種類の野草と薬草）を作った後の絞りカスを天日干しにして乾燥させ、ミキサーで粉砕して粉にする。

②海の精（昆布を発酵させた酵素飲料）に大地の精（数億年前の原始ソマチッドが大量に入った珪素を含む石英斑岩の微粉末）を4：1の割合で混ぜて8時間以上置く

③そば粉とゴマ油と②の「海の精＋大地の精」を3：3：4の割合で混ぜる。さらに手づくり酵素を少し加えても構わない。

④出来上がったものをガーゼに伸ばす。

⑤油紙にザラ紙を乗せ、その上に先のガーゼを乗せ、患部に貼って湿布する。

⑥湿布固定シートで固定したり、包帯で固定する。1日中この状態にしておき、夜の入浴時に取り換える。日中貼っておくのが難しいなら、夜間だけでも貼り続ける。

この湿布方法は重症のアトピー以外にも、重症の火傷、打撲、関節痛、腫れ物、ヘルペスウイルス、吹き出物、筋肉痛、ひどい水虫にも使えます。代謝の早い子どもや若者は20

～30日間できれいになります。

アトピーの炎症が重い場合は、初日は患部に沁みて痛みを感じるかもしれませんが、我慢できるようならば、そのままにしておいたほうがいいでしょう。

実際にやってみた方からの報告を紹介します。

歩行困難の股関節筋肉硬直が1カ月で回復した！

多野昇さん（68歳）

位相差顕微鏡を用いて、長年ソマチッド研究をしている波多野昇さんは、長期間の股関節疲労の蓄積が原因で筋肉が硬直し、ついに今年7月、痛みを伴い歩行困難になってしまいました。そこで、55種類の野草で筆者が手作りした野草酵素の原液に原始ソマチッドが大量に入った大地の精パウダーを混ぜ、入浴後、20㎝四方のガーゼに伸ばし貼り続け、朝はがす治療をし続けました。徐々に硬直していた筋肉が柔らかくなり、痛みも取れ、1カ月後には、痛みも全く無くなり、普通に歩けるまでに回復しました（記・松井）。

ひどい手首の火傷が10日間で元の状態に

松井君和（36歳）

この男性は筆者の36歳の長男ですが、勤務先で手首のひどい火傷を負いました（写真A　火傷した直後は皮膚が剥けてしまっている）。

野草酵素の絞りカスで湿布し、毎日貼り続けたところ、予想よりも早く皮膚が元に戻り、きれいになりました（10日後の写真B　皮膚が再生し、きれいになっている）。

じつは、長男はその半年前、台車が倒れて重い荷物が落下し、足の親指がパンパンに腫れましたが、この湿布をすると一晩で腫れが引き、痛みが消えました。

ひどい火傷がケロイド痕も残らずきれいになった！

女性（57歳・岐阜県）

写真Cはうどんのチェーンで働いていたとき、大量の熱湯がひっくり返り右足全体にかかってしまい、大火傷を負った57歳の女性の事故直後の写真です。

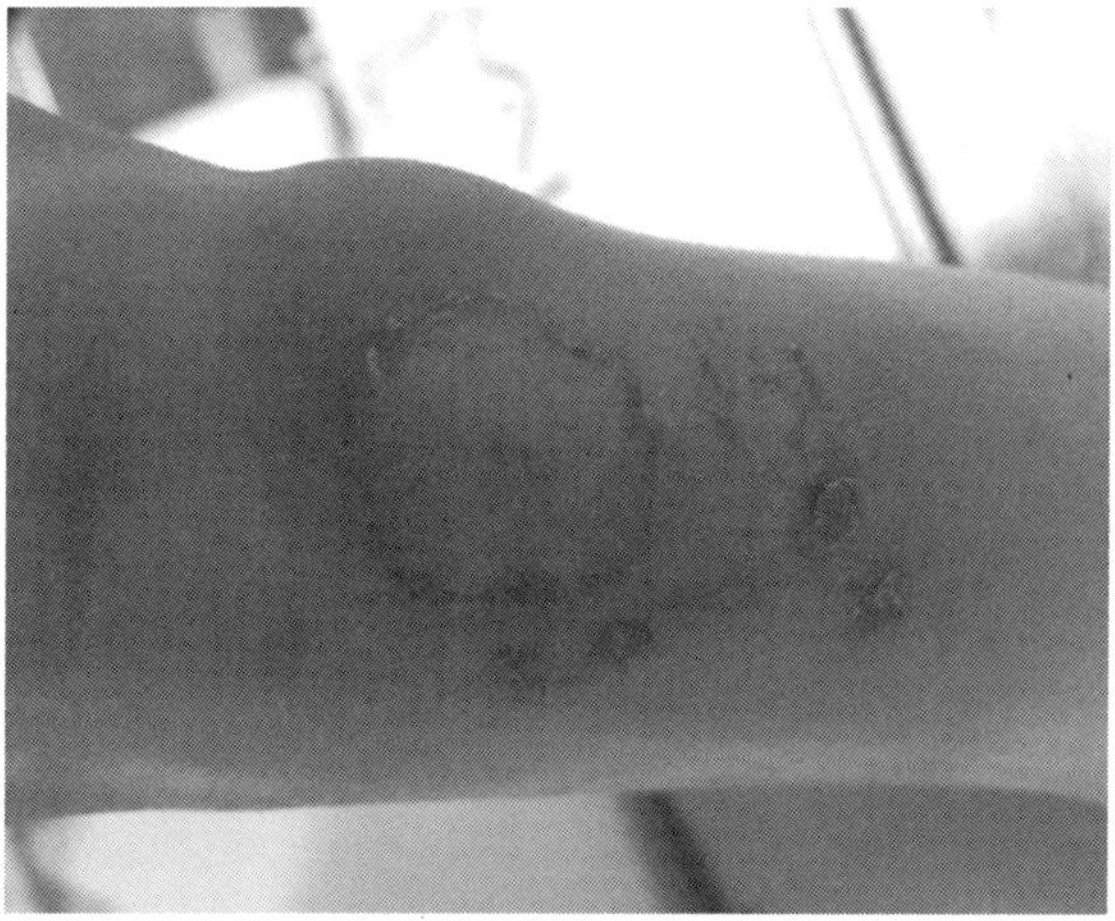

写真A／火傷した直後、腕の皮膚が剝けている

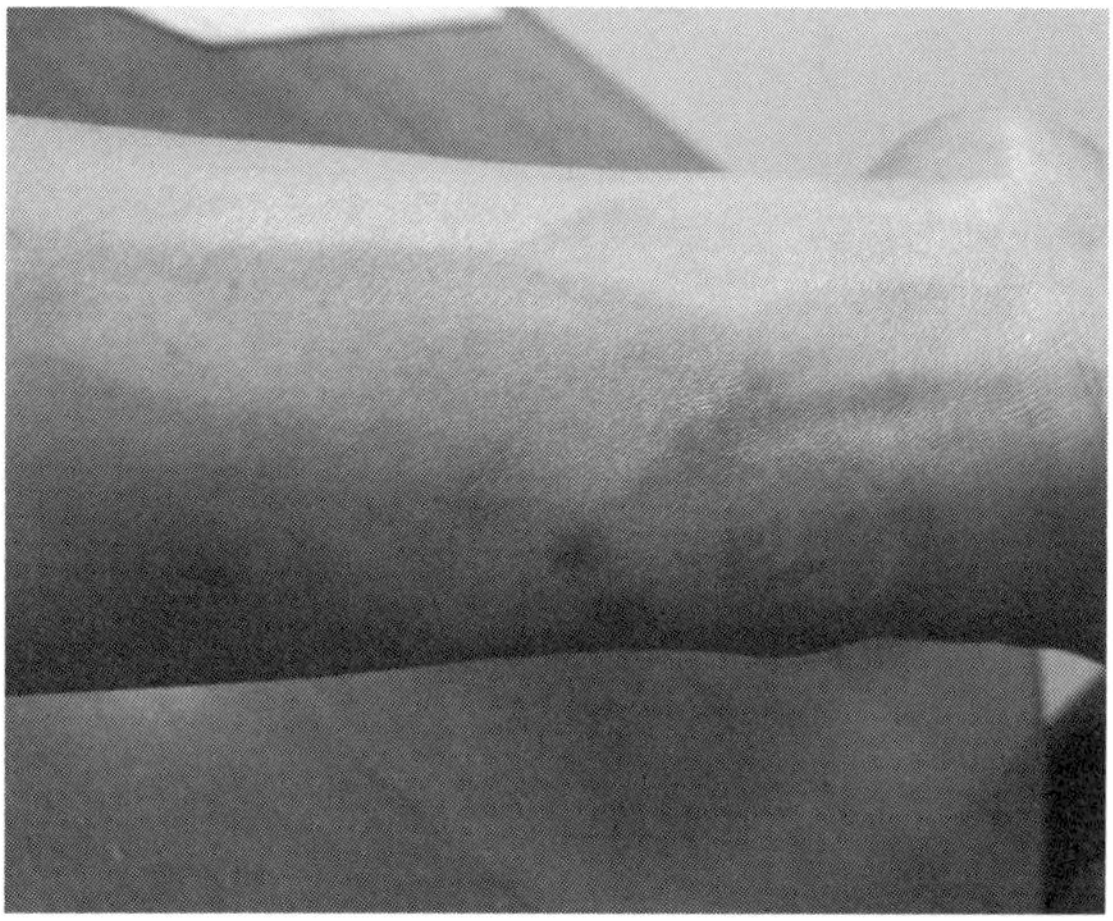

写真B／野草酵素の湿布を貼って10日後、腕の皮膚が再生している

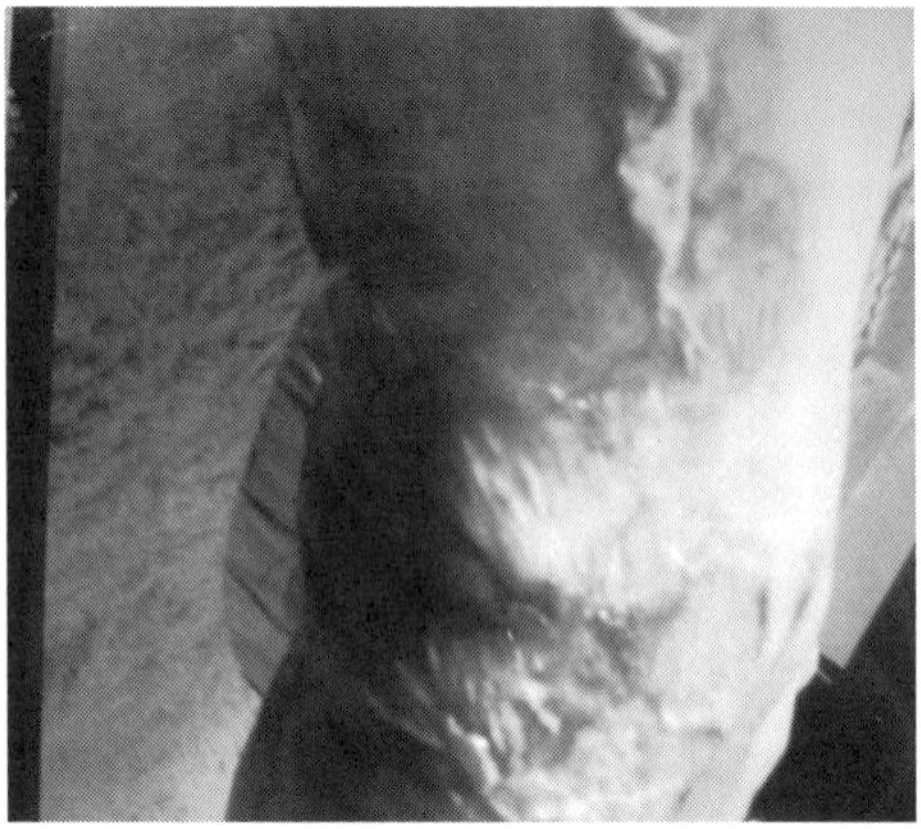

写真C／足の上部に熱湯をかぶってしまい大火傷を負う

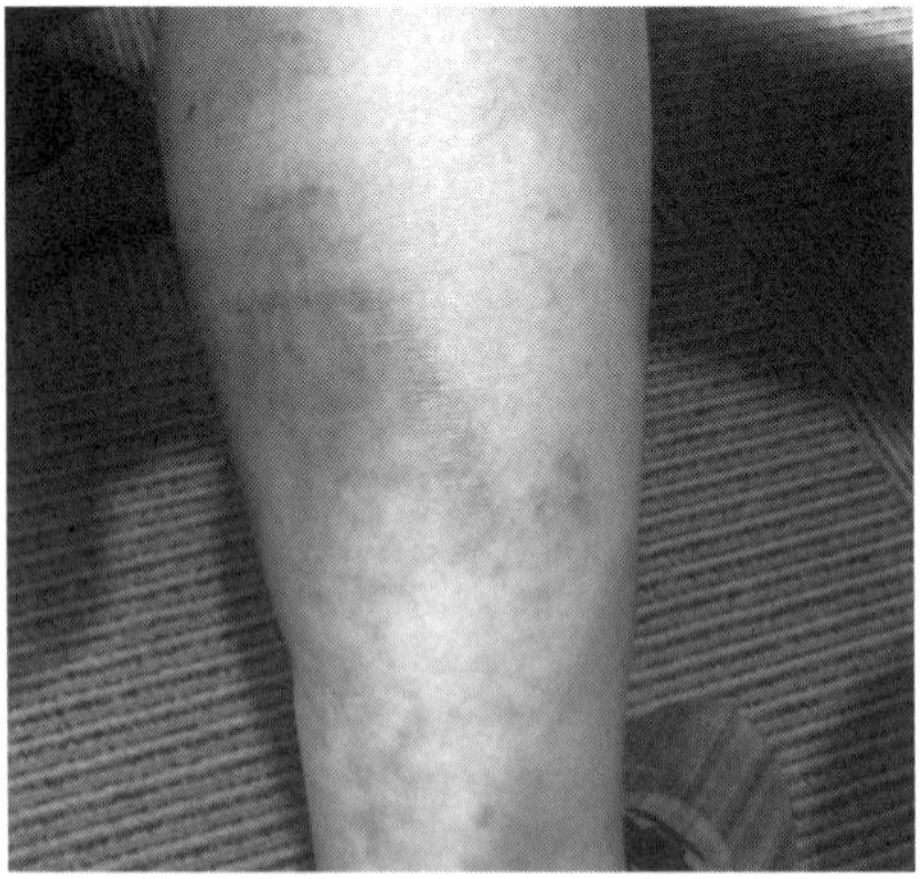

写真D／野草酵素の湿布を貼り続けて６カ月後。跡がなくなっている

その日から、野草酵素の絞りカス湿布剤を一日中、足全体に当て続けました。入浴のたびに新しく交換し続けることで、痛みは早く消え、徐々に回復しました。

写真Dは6カ月目の状態です。ケロイド状の火傷痕はまったくなくなっています。一般の病院治療では間違いなくケロイドが残りますが、足の上部は完全にきれいになっています。このときは足首に近い箇所に少し痕が見えましたが、その後、数カ月で完全に跡形もなくきれいになりました。（記・松井）

右手首の大火傷が1カ月できれいになった！

有田早希さん（26歳・大阪府）

自宅でカレーを作っていて、カレー鍋をひっくり返し、右手首に大火傷を負ってしまいました。手首の骨が見えるほど、ひどい大火傷でした。

病院ですぐ手当をしましたが、医師には間違いなく火傷痕がケロイド状態になって残ると言われました。写真Eは火傷から3日後のものです。

翌日、病院でガーゼを取るとき、ガーゼに貼りついた肉片まで切ってしまい、ものすご

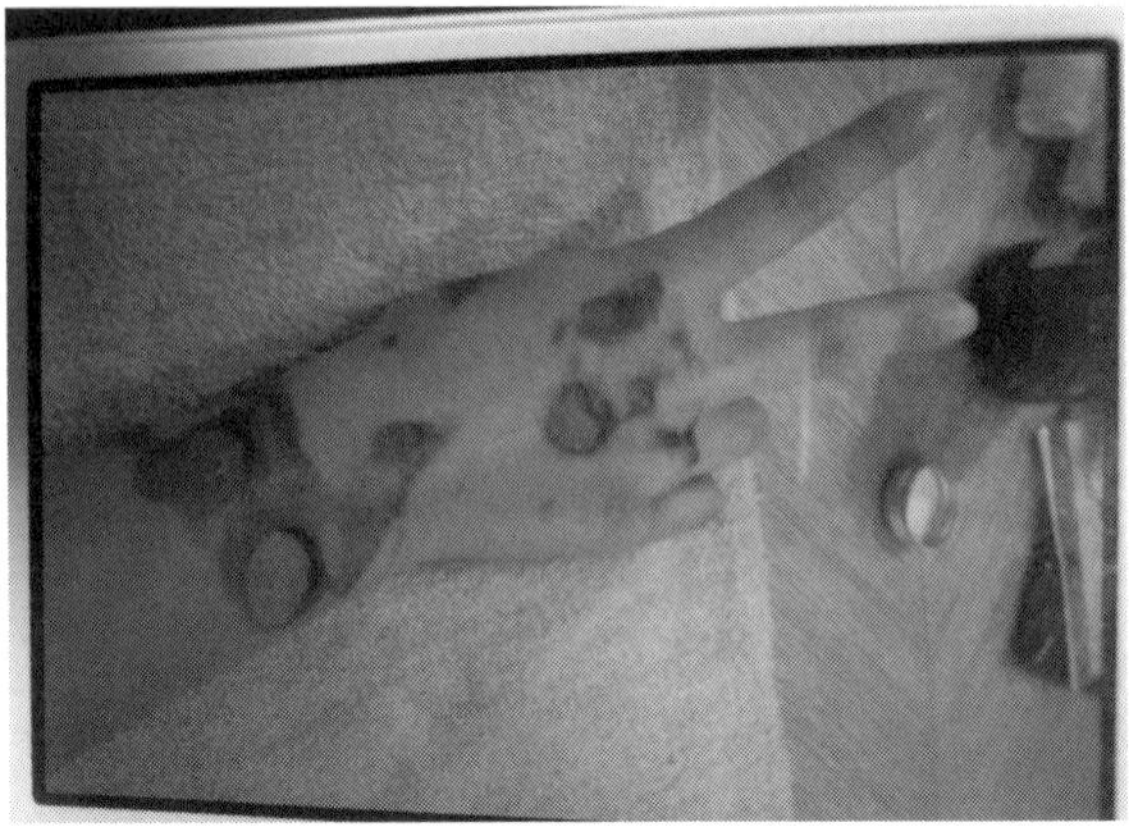

写真Ｅ／火傷を負って３日後の状態

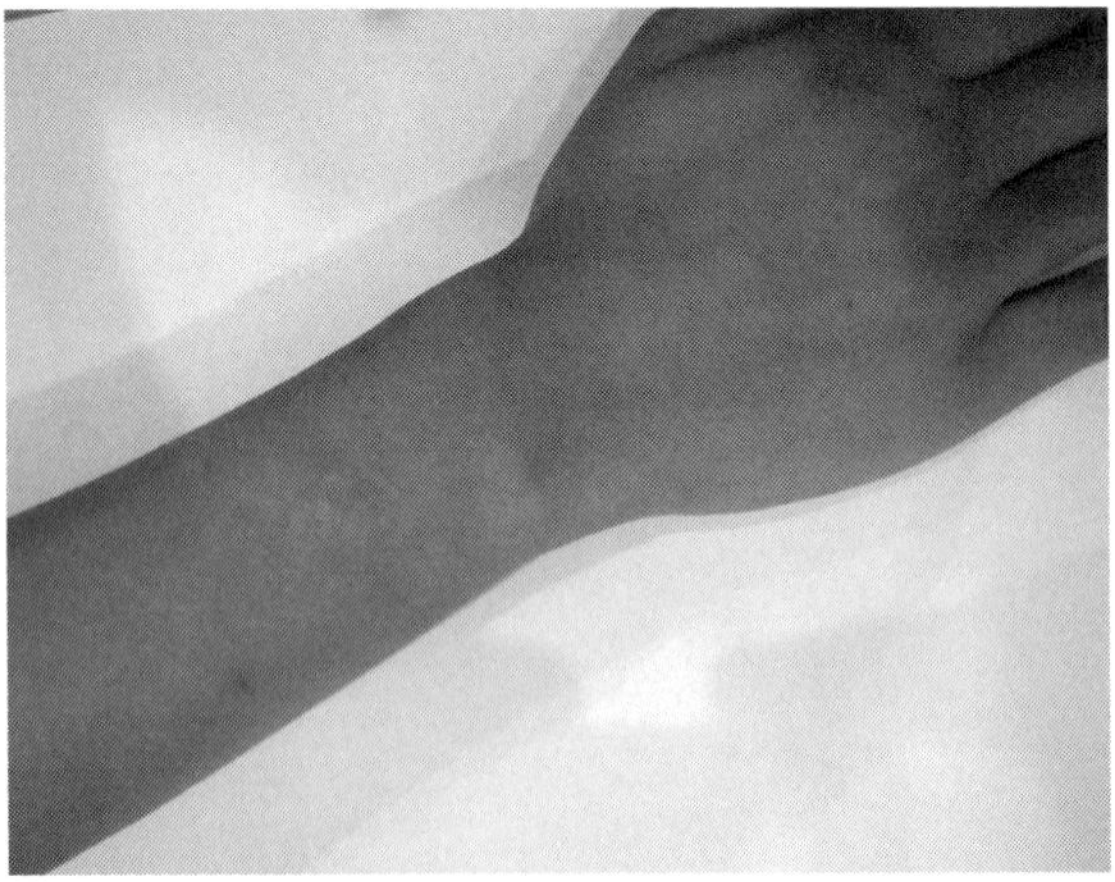

写真Ｆ／野草酵素の湿布を貼り続けて１カ月。火傷の跡がなくなっている

い痛みで苦しかったといいます。

2日後に火傷のことを知った母親が駆け付け、野草酵素の搾りかすの湿布剤を一日中巻き付ける治療法にチェンジしました。すると、火傷の痛みは1日で消え、ガーゼを取り外すときも、肉片がへばりつくこともなく、痛みもなく、どんどん回復しだしました。3日目、湿布剤のガーゼをはがした時には、すでに新しい細胞で膜が薄く出来ていました。

1カ月で火傷の痕がまったく残らず、きれいに治りました（写真F）。（記・松井）

【湿布剤のつくり方と使い方】

手づくり酵素（野草酵素が最適、無ければ他の季節の手づくり酵素）と大地の精（割合1：1）を混ぜ、それをガーゼに伸ばし一日中患部に貼ります。要領は先に述べたとおりです。

こうすることで、皮膚細胞の一つひとつのミトコンドリアが活性化し、免疫力を高めることができます。このことをもう少し説明します。

ミトコンドリアが効果的に働くには、以下のような条件が必要になります。

①酸素を供給する

ミトコンドリアは酸素呼吸してエネルギーを産生しています。ですから、細胞内により多く酸素を供給することが必要で、それにはリラックスして深い呼吸をするようにします。筆者はもっとも深い呼吸法として丹田呼吸法を指導しています。

②酵素が必要

ミトコンドリアの活動には大量の酵素が必要になります。

③補酵素（ミネラル、ビタミンなど）が必要

ミトコンドリアの活動には大量の補酵素も必要

④抗酸化物質（フィトケミカル）に含まれる水素が必要

ポリフェノールやβカロチン、ビタミンCなどの抗酸化物質はミトコンドリアへの水素供給を促します。たとえば果物や野菜を食べる場合は皮ごと食べると、抗酸化物質をより多く摂ることができます。

⑤良質なソマチッドが必要

農薬や除草剤、化学肥料、排気ガスなどのない自然な中で育った野草や果物、野菜にはより良質なソマチッドが多く存在しています。また、数億年前の原始ソマチッドは森の香り精油に含まれていますし、「大地の精」にも原始ソマチッドが大量に入っています。

私が毎年つくっている手づくり酵素にも良質のソマチッドが大量に入っています。

⑥体を温める

ミトコンドリアがもっとも活性化する温度は40度前後だといわれています。ですから、入浴や遠赤外線サウナなどで身体を温めるのがいいのです。

⑦大人は小食の食生活へ切り替える

小食にすると、ミトコンドリアのエンジンが働きやすくなりますし、長寿遺伝子もスイッチオンになりやすいのです。

5章

森の香り精油の徹底活用法

この章では、木曾ヒノキ、青森ヒバ、秋田スギ、熊本のクスノキ、コウヤマキなど数百年から1000年以上の樹木35種類から精油を抽出した森の香り精油の三大パワー（アロマパワー、フィトンチッドパワー、原始ソマチッドパワー）を実際に日常生活で活用する方法を紹介します。

(1)消臭・除菌スプレー

PCK（森の香り精油）は100%天然成分なので安心して消臭や除菌に利用することができる「PCK消臭ミストスプレー」について紹介します。

①ミストスプレータイプ「PCK消臭ミストスプレー」

「PCK消臭ミストスプレー」は、PCKを木曾ヒノキ水（原水）で数十倍に希釈した天然植物エキスです。赤ちゃんのいるご家庭でも安心して使えます。

家の中の気になるニオイがする場所や空間に吹きかけると、除菌と消臭はもちろん、森の清々しい香りが室内にあふれてきます。副交感神経を刺激し、精神を安定させてくれます。

②エアースプレータイプ「MORI PCK消臭・除菌エアスプレー」

寝具や衣類、ソファーなどに直接吹き付けることで、消臭・除菌をします。

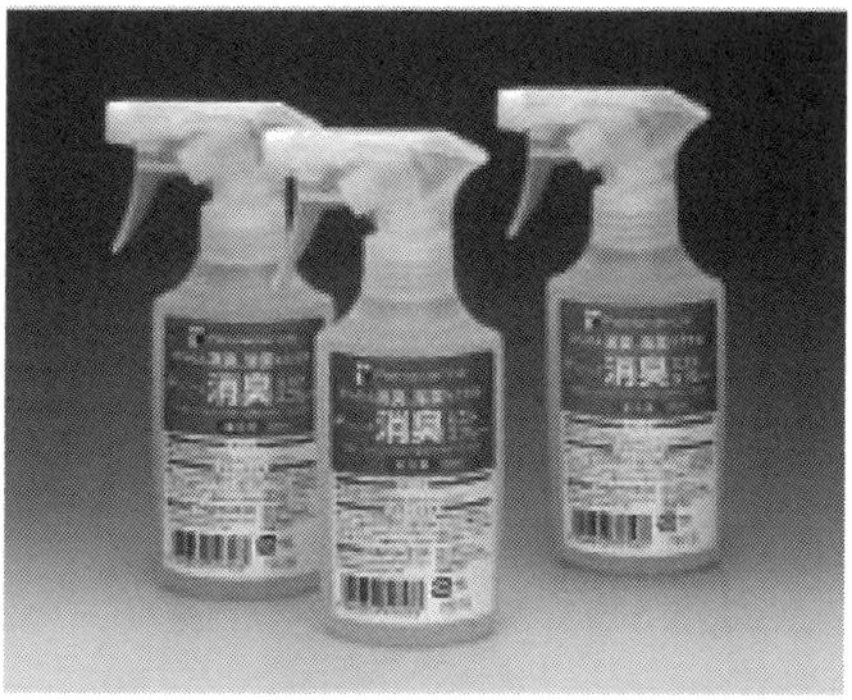

PCK消臭ミストスプレー

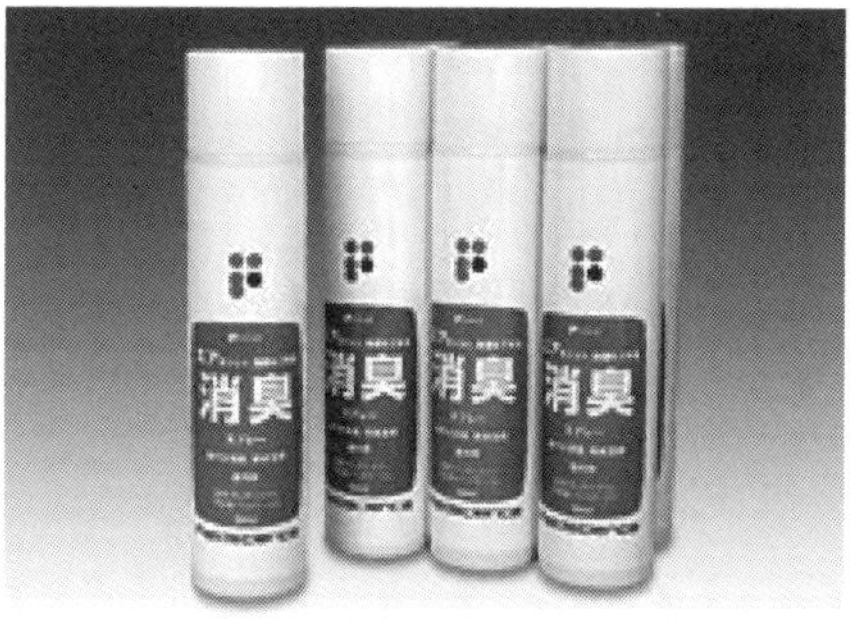

MORI PCK消臭除菌エアスプレー

(2)ボックス用消臭・除菌コンパクトゲル

「ＭＯＲＩ ＡＩＲ」の専用液（精油）であるＰＣＫ（森の香り精油）をゲル状にしたのが「ボックス用消臭・除菌コンパクトゲル」です。

狭い部屋やボックスなどのコンパクトな空間の消臭、除菌、防虫、防カビ、防腐敗などに使います。エアコン、トイレ、冷蔵庫、下駄箱、クローゼット、玄関、乗用車、お風呂場、ロッカー、タンス、押し入れ、クーラーボックス、衣装ケースなどに向いています。

①エアコン

エアコンの吸気口付近に設置します。エアコン内にはカビ菌が多く繁殖し、室内にカビの胞子やカビの死骸が拡散し、喘息やアレルギーの原因になっています。「ボックス用消臭・除菌コンパクトゲル」がエアコンに吸い込まれ、エアコン内のカビ菌の繁殖が止まり、除去されます。きれいな空気が室内に広がります。

②冷蔵庫

冷蔵庫の野菜室へ入れます。冷気の対流により冷蔵庫内の空間全体へ拡散します。腐敗菌や病原菌を除菌・除去し、腐敗を防ぎますし、防カビや消臭にも向いています。また、野菜や果物などの鮮度を維持するのにも適しています。

③乗用車、玄関

車内や玄関で利用すると、消臭や蚊よけができますし、とくに車内は香り成分があふれて、まるで森の中にいるようにリラックスできます。頭も冴えてきて、ドライブには最適です。

④洋服ダンス、クローゼット、ロッカー、衣装ケース、下駄箱、お風呂場、トイレに吊るしたり、置いたりするだけでカビ菌の繁殖を止め、防虫、除菌、消臭をします。

テレビコマーシャルで有名な空間防虫剤や衣類の防虫剤の多くには殺虫効果や防虫効果をもつ農薬が使われていて危険です。

ボックス用消臭・除菌コンパクトゲル

たとえば、大日本防虫菊の「タンスにゴンゴン」には、合成ピレスロイド系農薬のエムペントリ（防虫剤）やイソチアゾリン系防カビ剤が使われています。引き出し、衣装ケース、洋服ダンスに使うエステー化学の「ムシューダ」には、ピレスロイド系農薬のエンペンドリン（防虫成分）やスルファミド系防カビ剤が使用されています。吊るすだけで虫よけができる大日本防虫菊の「虫コナーズ」やフマキラーの「虫よけバリア」には、ピレスロイド系農薬の殺虫剤「トランスフルトリン」が使われていて、とても危険です。気化して空気中に広がりますが、無臭のため気がつきません。

こうした防虫剤は、できるだけ使用を避けるほうが賢明です。

(3)シャンプー&ボディーソープ「ヒノカシャンプー」

ヒノカシャンプーは、ヒノキチオール・海洋性コラーゲン・シルクプロテインなど森の香り精油や植物成分の力で頭皮の修復、改善、保護を行ないます。それによって、育毛・健毛を促すコンディショニングシャンプーです。

同時に、ボディーソープとしても使えます。余分な皮脂を取り除き、細胞レベルで皮膚表面を修復・改善します。カミツレエキスや甘草エキス、オルゴンエキスなども配合して、抗菌・抗酸化・炎症防止の働きをさらに高めています。

ヒノカシャンプー

頭皮の汚れがすっきり取れ、髪の臭いが無くなった

森脇啓江さん（北海道）

私はもともと、市販のシャンプーには疑問をもっていたので、洗髪はお湯で洗うのみにしていました。しかし、40代半ばまで長年、頭皮のフケと痒みで困っていました。ヒノカシャンプーに変えてみたところ、まず驚かされたのは、洗った後の頭皮が軽いことです。この感覚は初めてでした。

毛穴の汚れがすっきり取れた感じで、ウソのようにフケが出なくなりました。徐々に頭皮の痒みも無くなりました。しかも、シャンプーのヒノキの香りがほんのりと香ってきて、2日経っても頭皮の嫌な香りがしてこないのです。お湯で洗っていたときは、次の日になるとちょっと髪の臭いが気になっていました。

もう一つ、毛髪の状態がとてもよくなりました。ずっとストレートヘアーにしていますが、ヒノカシャンプーにしてからは櫛通りがとてもよくなり、行きつけの美容室でも褒められるほどです。

今は仕事で出張が多いのですが、宿泊先にも持参して使っています。

カビ菌と白癬菌の悩みが解消した！

神井伸吉さん（愛知県）

林業と果樹園の仕事をしているせいか、頭皮や肩にカビ菌が侵入し、痒みがありました。皮膚科のステロイド軟膏で一時的におさまっても、仕事をしていると再発して困っていました。

ヒノカシャンプーを使うようになってからは、まったく症状が出なくなりました。汚かった背中の肌もきれいになりました。また、仕事上、夏場は汗をかくことが多く、白癬菌の悩みも長年ありましたが、今は解消し、本当にヒノカシャンプーに出合ってよかったです。

頭皮の湿疹が改善した！

男性（51歳・岐阜県）

頭皮に湿疹ができて、なかなか治らなかったのですが、ヒノカシャンプーを使い始めると2日目から湿疹が小さくなりはじめました。

ヒノキの自然な香りを嗅ぎながら、泡立ちの気持ち良いシャンプーで頭皮をマッサージしていますが、髪にコシもできたように感じています。樹木が好きな小学生の息子も、ヒノキの臭いを楽しんで使っています。

ツルツルの使用感とヒノキの香りで頭皮も髪もすっきり!

植田まさ恵さん（北海道）

初めて使用した瞬間から、ツルツルの使用感とヒノキの香りでとても気持ちが良かったです。それまで使用していた石鹸やシャンプーとはまったく感じが違いました。泡立ち、洗い上がりもさっぱりしていて、頭皮の臭いも気にならなくなりました。

髪の毛にコシとハリ、ボディーにも最高!

Y・Hさん（女性・北海道）

なんだかいつもと違う！　これがヒノカシャンプーを使用したとき、いちばんに感じたことです。髪の毛にコシとハリも出てくるのがわかりました。猫っ毛で細くてすぐペチャンコになってしまって困っていた私の毛には最高のプレゼントでした。

シャンプーだけじゃなくボディー用にも使っています。とてもツルンとした使用感と、洗い流した後の肌触り感は、今まで経験したことのないテクスチャー感です。

(4) 粉末濃縮タイプ除菌型洗浄剤「ジョキンメイト」

除菌型洗浄剤「ジョキンメイト」は、森の香り精油を配合して、除菌・消臭しながら頑固な油汚れまで落とします。

ヤシから抽出した天然脂肪酸の非イオン系界面活性剤を使っているため、人体にも環境にも優しい洗剤です。「酸素の力」と「ナノパワー」（100分の1ミリ気泡）で汚れを剥離し分離させます。とくに総合病院や大手食品工場で衛生管理目的の洗浄剤として活躍しています。ゴム手袋やマスクをする必要がないので、家庭でも主婦や子どもが安心して素

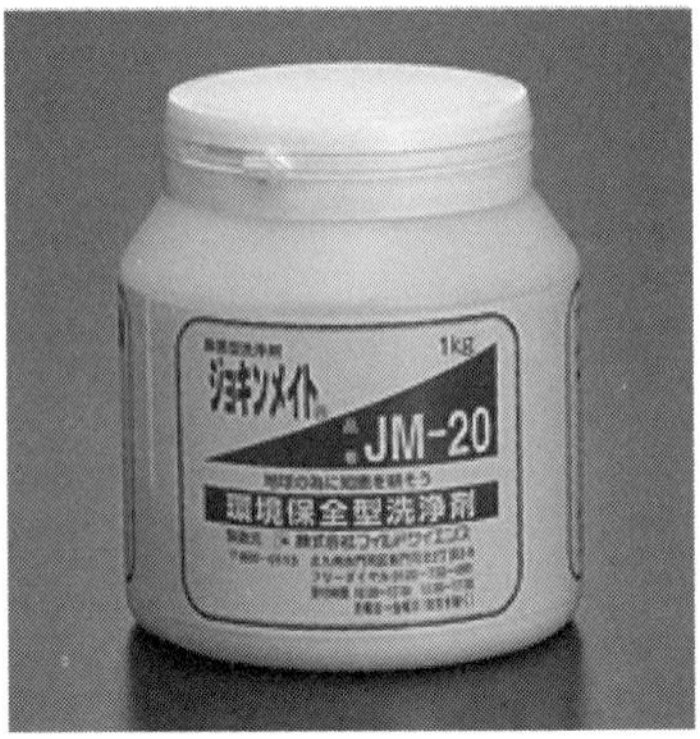

ジョキンメイト

手で使えます。

主成分は森の香り精油を中心に、炭酸塩、過炭酸塩、グルコン酸塩、有機キレート剤、植物性消臭カプセル、ヤシから抽出した天然脂肪酸（非イオン系界面活性剤）です。

食器洗剤としての利用はもちろんのこと、台所や風呂、床、換気扇などの汚れ落とし、洗濯用洗剤として利用できます。頑固な汚れも落ちますし、除菌・消臭もできます。洗濯機内のカビ菌・雑菌も除去してくれます。しかも、人体にも環境にもやさしい画期的な洗剤です。

(5) 木曾ヒノキ水のお風呂

地球上には数千種類もの樹木がありますが、なかでも木曾ヒノキは脳をリラックスさせ、やすらぎと癒しをもたらす香りを発します。このヒノキは驚くべきことに、日本にしかありません。厳密には福島県以南の日本全国に分布しています。例外として台湾の一部の高い山岳地帯に存在しますが、香りの良さは日本のヒノキほどではありません。

現代でこそ生活圏の身近にヒノキ林はありませんが、はるか縄文の時代から日本人は1万数千年もの間、ヒノキの香りに包まれて生活してきました。世界一思いやりが深く穏やかな日本人の気質が形成された要因の一つはこの香りにあると思います。

香りを癒しや医療に利用するアロマテラピーはヨーロッパからスタートしましたが、そのために使う精油は草や低木の花と葉、果物から抽出したもの（アロマエッセンシャルオイル）です。森の香り精油を抽出できる針葉樹林がヨーロッパには無かったからでしょう。

日本には1500種類という世界一豊かな樹林があり、その中でも日本にしかないヒノキや青森ヒバ、スギなどの香り成分（精油）には、精神安定、快眠、殺菌、抗ウイルス、防カビ、防虫、消臭などに、じつに優れた働きがあります。日本にこそ、世界に誇る世界一の精油が存在していたわけです。

最近、日本のヒノキの香り精油の癒し効果、殺菌、抗菌作用、防腐作用、防虫作用などが世界中に知られつつあります。日本からヒノキを取り寄せて総ヒノキ作りの豪邸に住む米国の大富豪もいます。韓国でも日本のヒノキブームが始まっていて、日本のヒノキを建築に使う人が増えています。

わが国の伝統のヒノキ風呂はヒノキ材で作られ、含まれる香り精油が浴水に滲み出て癒しと殺菌効果をもたらします。

残念ながら、ヒノキ風呂は高価なため一般家庭からは消えてしまいましたが、「木曽ヒノキ水」を使えば、ユニットバスがヒノキ風呂になり、心身の癒しを得られます。そのほかにも、肌の乾燥対策、肌荒れ対策、赤ちゃんのおむつかぶれ対策、アトピー対策なども期待できます。

さらに、木曽ヒノキ水は樹齢数十年のヒノキから抽出したヒノキ水とは違い、木曽御嶽山中腹の国有林の樹齢数百年のヒノキから抽出されたものです。20年ごとに建て替える伊勢神宮の式年遷宮では樹齢数百年以上の木曽ヒノキが使われますが、その木曽ヒノキの間伐材や枝打ち材を使っているのです。

そのような木曽ヒノキを水蒸気蒸留し精油を抽出する際に、上澄みの精油を取った後に残った透明な水が木曽ヒノキ水です。位相差顕微鏡で調べたところ、この中にも原始ソマチッドが大量に存在していました（２０７頁の写真）。これが入浴中に身体に浸透します。

ここで、木曽ヒノキ水を使って入浴している方たちからの報告をいくつか紹介します。

体に残留していた抗ガン剤が排出された！

52歳（主婦・神奈川県）

木曽ヒノキ水に古代ソマチッドが大量に入っていることを友人に聞き、早速、1000倍に希釈した木曽ヒノキ水の風呂に入ったところ、ヒノキの香りが浴室に満ち、とても癒されるのを感じました。

身体も温まる感じで、お風呂上りは身体が軽くなった感覚で、その日の夜はぐっすり眠れました。翌日、お風呂の掃除で浴槽の水を流そうとしたとき、びっくりしました。水がヌルヌルと滑り気を帯びていたのです。

じつは以前、ガン治療で抗ガン剤を使っていたことがあるのですが、身体に蓄積していた抗ガン剤が排毒（デトックス）されたのだと思います。とても嬉しくなり、次の日も木曽ヒノキ水のお風呂に入りましたが、そのときはお風呂にもっと滑りがありました。3日目以降は滑り気が徐々に減り、1週間後はまったく無くなっていました。

身体が軽くなったと感じましたし、肌のツヤがよくなり、もちもちの肌になっていたのです。

以前、樹齢の短いヒノキ水を入れたお風呂に入っていたことがありましたが、こんな現象は生じませんでした。御嶽山の天然木のヒノキは凄いと感動しました。

乾燥肌によるかゆみも無くなり、毎晩のお風呂が最高のリラックスタイムです。

入浴後のお湯にいつもと違う濁りがあった！

女性（48歳・東京都）

初めて、木曾ヒノキ水の風呂に入浴した後のお湯は、いつもとは違う濁りがありました。翌日も同様でしたが、日に日にその濁りは減っていきました。そして10日目ころには、まったくその濁りは出なくなりました。

その間に、肌はしだいにシットリ、モチモチになってきて透き通るようになりました。身体のほうは、すっきりして軽くなった感じです。「私の身体の中に溜まっていた毒素が、毎日出続けていたんだ！」と思いました。そのことを姉妹たちに話すと、彼女たちも木曾ヒノキ水の風呂に入るようになり、同じような体験をしました。
それまで服用していた薬や農薬、食品添加物、環境ホルモンなどの毒素が身体に溜まっていたことを改めて思い知らされました。今、ホッとしています。

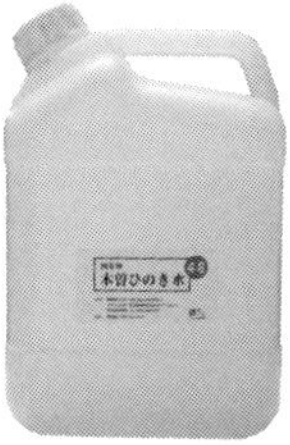

木曽ヒノキ水

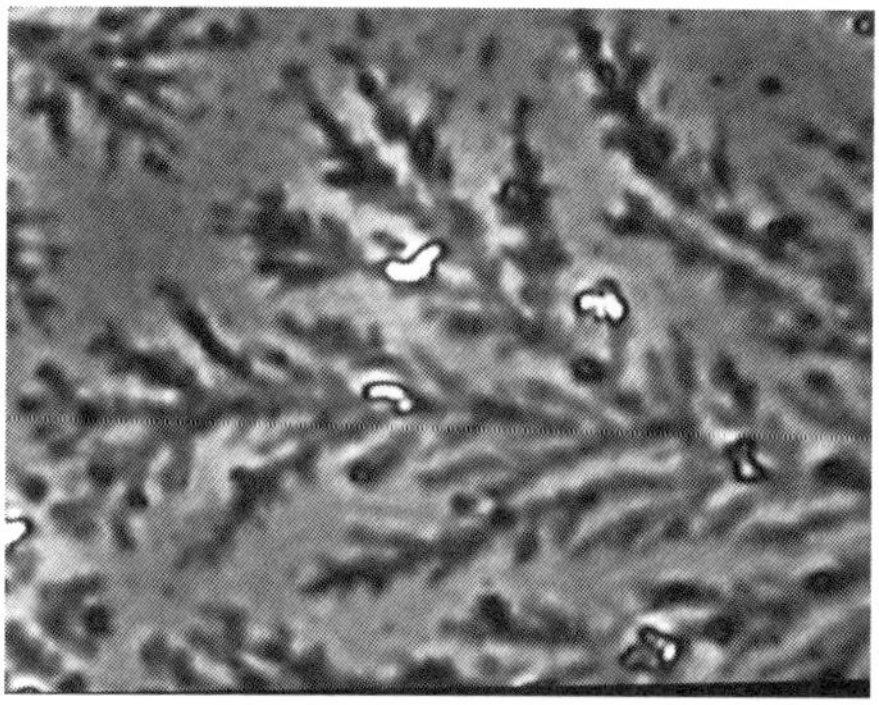

ソマチッドが木曽ヒノキの葉の模様を形成
（4000倍画像）

木曽ヒノキ水を1000倍希釈した風呂に毎日入浴することで、身体に溜まっていたさまざまな体内毒素が排出（デトックス）されたという話をよく聞きます。なかには、翌朝、浴水を見ると、油のようにヌメヌメしていたという話もありますが、これは長期間、抗ガン剤やステロイド剤、各種の医薬品を服用していて体内に蓄積されていたものが排出されたためでしょう。

このような現象が起こるのは、木曽ヒノキ水に大量に含まれる原始ソマチッドが入浴中に皮膚に浸透して代謝を活性化することで起こるのだと思われます。

(6)お口のケアに最適

甘党の私にとって虫歯は子ども時代からの悩みでした。大学時代から歯ブラシを持ち歩き、毎食後、欠かさず歯磨きしました。それでも虫歯は進行し、悪化します。風邪を引いて病院へ行くことはありませんでしたが、歯科へは毎月のように通っていました。

ついに50代前半にインプラントを2本入れましたが、そのころ、知り合いの家族に虫歯が1本も無いことを知りました。その理由は白砂糖や白砂糖を使った加工食品を食さず、てんさい糖やきび糖などの粗糖を摂っていないからだと知りました。私もそのようにしてみたところ、虫歯の進行は止まりました。

ところが、今度は歯周病が徐々に出てきました。歯茎の腫れがひどくなり、ついには歯がぐらつきだしました。歯科医からは早めに抜いてインプラントを入れましょうとすすめられました。このとき、二度とインプラントは入れたくないと思い、本気で歯のケアを自分で始めたのです。

まず、それまでの大雑把な歯磨きの仕方を改めました。とくに就寝前の歯間ブラシと電動歯ブラシによる歯間や歯と歯肉の間のお手入れを徹底しました。その後、森の香り精油をさらにろ過して水で数十倍以上に薄め、毎晩お口をグジュグジュしました。

すると、1週間で歯茎の腫れがほぼ引いたのです。さらに、歯のぐらつきが無くなりました。フィトンチッドパワーによって虫歯菌や歯周病菌、バイ菌、ウイルスなどが殺菌されたのだと思われます。

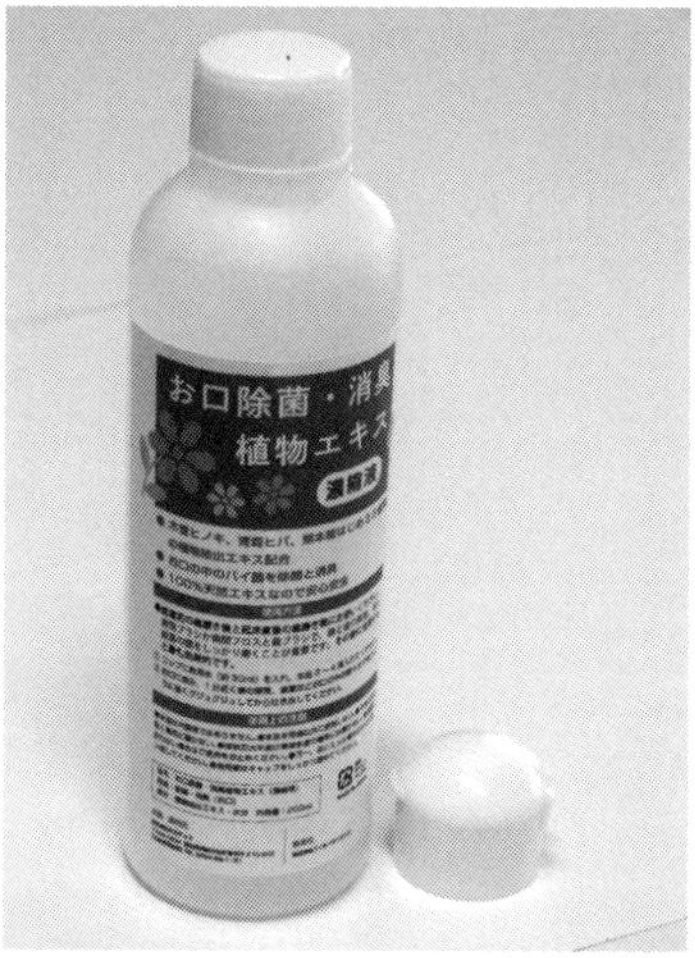

お口除菌・消臭植物エキス濃縮液

その後、同じ悩みを抱える全国のミミテックインストラクターたちが試すようになり、私と同様な変化が認められました。

こうした経緯があって誕生したのが「お口除菌・消臭植物エキス濃縮液」です。水20～30㎖にこの濃縮液数滴を加えて希釈水にし、就寝前の歯の手入れ後に1分以上、グジュグジュして吐き出します。

なんと、日本人の大人の9割近くが歯周病にかかっているといわれます。虫歯になっている人はそれ以上です。じつは、歯周病や虫歯は口の中だけの問題ではありません。歯周病や虫歯の症状が進むと歯がぐらつき抜けやすくなるだけでなく、歯周病菌や虫歯菌のほかカビ菌、各種のバイ菌が歯茎の中の毛細血管に侵入して全身を回り、さまざまな病気を招く原因になるのです。まさに「万病の元」になるのです。

血管に侵入した菌は血管の老化を早めたり、動脈硬化の原因となったりします。さらに、身体の器官や組織に入り込み、肺炎や糖尿病、アルツハイマー型認知症、関節リウマチなどを悪化させることもあるといわれます。とくに、2011年から日本人の死亡原因の第3位になった肺炎は、歯周病菌やカビ菌、ウイルスなどが肺に侵入することが最大の原因になっていると考えられています。

お口の中には数千億個もの細菌（口腔内細菌）が常在菌として棲息しています。そのバランスがいいと、外から入ってくるバイ菌から口腔内をガードしてくれます。ですから、口腔内細菌は腸内細菌や皮膚の常在菌と同様に大切な存在なのです。

ところが、口腔内細菌のバランスが崩れると、虫歯菌や歯周病菌などが増殖し、歯と歯の間（歯間）や、歯と歯肉の隙間などに棲みつきやすくなります。こうした菌は白砂糖や白米（玄米でなく精米した炭水化物）などの糖質が大好きで増殖し、菌やその代謝物が歯に付着します。これが歯垢（プラーク）になると、簡単には除去できなくなります。

とくに嫌気性（空気が嫌い）の歯周病菌は歯と歯肉の間に棲みつきますから、歯の前面と裏面の表面ばかりを歯ブラシでいくら磨いても除去できません。しかも、磨きすぎは歯表面のエナメル質を削り取ってしまい、逆効果です。大切なことは、食べ残しが残った歯頭部の凹（へこみ）部分、歯間（歯と歯の隙間）、歯と歯肉の間の隙間（歯周ポケット）を就寝前にしっかり手入れすることです。

起きている間は、唾液の酸によって病原菌は弱体化されますが、就寝中は唾液が出ないため、菌が繁殖しやすいのです。ですから、就寝前に虫歯菌や歯周病菌対策を行なうことがとても大切なのです。

そのためのポイントを整理しておきます。

①砂糖や精製した穀物を食べない自然界の動物には虫歯や歯周病が無い。人間も菌のエサ

となる砂糖や精製した穀物を極力食べないように心がけることが大切。

②毎食後、歯間ブラシやデンタルフロスで歯に挟まった食べカスを除去する。さらに、口に水を含んで1分間以上グシュグシュし、歯間に残っている菌やカスを取り除く。歯と歯の隙間はもちろん、口の中で水であらゆる角度に強くぶつけるようにグシュグシュするのがコツ。

③もっとも重要な歯磨きは就寝前。歯ブラシ、歯間ブラシ、フロスで歯と歯の隙間、歯と歯茎の間をしっかり手入れする。その後、「お口除菌・消臭植物エキス」を使う。

その手順は以下のようにする。

・コップに飲用水（30㎖）を入れ、エキスを4〜5滴入れる。

・口に含み、1分前後強くグシュグシュしてから吐き出す。

エキスに含まれる森の香り精油のフィトンチッドパワーによってバイ菌が除去され、原始ソマチッドパワーによって口腔内の免疫力がアップする。

このお口ケアを実践した方たちが感じたことをまとめておきます。
・起床時のお口の中のネバネバが無くなった！
・歯肉の腫れが徐々に治まり消えた！
・歯周ポケットが改善できた！
・始めてからは、歯科ケアへ行くたびに歯周ポケットが改善していることがわかり、歯周病の不安が消えた！

(7)無農薬農業用成長促進・土壌改良・植物散布液「PGS-1000」

☆自家消費野菜を別に栽培する農家

大手スーパーの店頭に並ぶ大量のトマトの大規模栽培はビニールハウスで行なわれることが多く、毎週農薬が散布され、青いうちに収穫されます。しかし、農家の自家消費用の野菜には極力農薬を使わないで栽培しています。

私の父が作るトマトは、まったくの自然栽培方法で雑草の中に隠れる状態で真っ赤に熟しています。いつも、それをもぎ取ってきて食べますが、太陽光をいっぱい浴びた、ポリフェノールなどの抗酸化物質（フィトケミカル）やミネラル、ビタミンたっぷりの美味しい完熟トマトです。

無農薬野菜と農薬を多く使った野菜の違いは一目見ればわかります。劇薬としての農薬の危険性を知っている農家の方たちは、自分たちが自家消費する野菜には農薬を使わないか、使っても弱い農薬を1～2回程度です。

しかし、市場に出す大量の生産野菜には必ずマスクとゴム手袋をはめて、吸引したり、皮膚に触れたりしないようにして農薬を散布します。虫食いが無く、形も揃い、市場で値良く売れるキャベツやトマト、ブドウ、梅、りんごなどは収穫までに農薬を20回も30回も散布しています。「知らぬは仏」ならぬ一般の消費者です。

安全な野菜を手に入れたいなら、自分で栽培するか自然食品店で購入するか、少なくとも農協スーパーや地元スーパーの地場野菜コーナーで、生産者名や顔写真入りの無農薬野菜か減農薬野菜を探して購入するしかありません。

農薬には殺虫剤、殺菌剤、除草剤があります。戦後、日本に普及した農薬は有機リン酸系や有機塩素系の殺虫剤で、とくに1960年代から広く全国的に使われるようになりました。

これらの農薬は、神経系や呼吸器系に作用して神経信号の伝達を阻害することで虫を殺します。神経ガスのサリンも同分類です。ところが、殺されるのは虫だけではありません。農薬での毒殺事件が戦後多くあったように、農薬は人間にとってもまさに毒薬そのものなのです。

☆世界中で起きたミツバチの大量死

2000年代に入ると、ネオニコチノイド系殺虫剤が農薬として広まり、今や農薬の主流となっています。

ネオニコチノイドとは、タバコに含有される猛毒ニコチンに似た構造と作用をもつ神経毒物質です。これが世界的に普及し始めるやいなや、世界中でミツバチが大量死する現象が見られるようになり、世界的事件となりました。米国では、2006年10月からミツバチが一夜にして忽然と姿を消す怪奇現象が多発しました。そして、わずか半年間で全米のミツバチの4分の1、240億匹近くが消滅したといわれます。まるで神隠しにでもあったかのようでした。

米国のみならず、カナダ、欧州全土、台湾でも同様の現象が生じました。わが国でも2005年、2006年には岩手県と山形県で、2007年には宮崎県などで、ミツバチの大量死が見られました。どこの地域も、それまでの有機リン酸系殺虫農薬からネオニコチノイド系殺虫農薬に切り替えた途端に起こったのです。

大量死したミツバチの死骸からネオニコチノイド系農薬が検出されたことで、フランスでは2006年4月、最高裁がネオニコチノイド系農薬の使用禁止を裁定し、フランス政府は販売禁止にしました。ついで、デンマークも販売禁止を決定し、オランダとドイツも続きました。

ところが日本では、2005年に岩手県下全域でミツバチ大量死事件の犯人がネオニコチノイド系農薬であることが科学的に特定されたにもかかわらず、完全に黙殺されました。

死ぬのはミツバチだけではありません。他の昆虫も同様です。人間さえ吸うと神経伝達回路が阻害され、神経麻痺を引き起こします。さらに呼吸困難、運動神経の鈍化、痙攣といった症状が出てきます。

☆日本はダントツの農薬使用大国

日本の農薬使用量は世界全体の1割で、国土面積を考えるとダントツ世界一です。農家やその周辺の人々が農薬を吸い込む危険性はもちろん、一般の消費者にとっても危険性があることはいうまでもありません。

それでも有機リン系の農薬は、水に浸けて洗うことで表面上の農薬はかなり落ちますが、ネオニコチノイド系の農薬はそうはいきません。水溶性の農薬なので農地で水に溶けて土壌中に蓄積され、それを作物や果樹が根から吸い上げて果実や野菜の中に蓄積します。

これは洗っても落ちませんから、食べると体内に蓄積していきます。なかでも神経毒物は脳に蓄積され、神経回路が侵されます。それだけではありません。ネオニコチノイド系農薬には発ガン性のある添加物が配合されていて、国際機関のＩＡＲＣ（国際ガン研究機関）やＮＴＡ（米国国家毒性プログラム）はその発ガン性を警告しています。

テレビコマーシャルでお馴染みの除草剤「ラウンドアップ」はベトナム戦争で米軍機が撒き、一夜にしてジャングルの葉を枯らした悪名高きモンサント社の枯葉剤をルーツに開発されたものです。ベトナムでは多くの奇形児が生まれ、空中散布した米軍兵士の子どもにも奇形児が生まれたことで、国際的に大問題となりました。日本では、この除草剤が全国の農協やホームセンターなどの店頭に大量に並び、圧倒的シェアを誇っています。

農薬が問題なのはそれだけではありません。畑に散布することで土壌中に滲み込み、土壌微生物を殺しています。ミミズも畑から消えてしまいますし、もぐらも見かけなくなります。ミミズや微生物がいなくなると、アミノ酸やミネラル、ビタミンなどの栄養素を生み出せず、作物は土壌から豊富な栄養を吸収できなくなります。

私たちは、農薬が蓄積した作物を、しかも栄養価が低下した作物をスーパーで購入し食べ続けているのです。その結果、健康に深刻な影響が及んでいること、とくに脳や全身の神経細胞への影響で子どもからお年寄りにいたるまで脳障害と神経障害が確実に増え続けています。私も、長年の脳科学研究と、能力開発で多くの方たちに指導するなかで、そのことを痛感しています。

農薬が体内に入ってくると、それを解毒する肝臓や腎臓の負担が大きくなります。さらに食品に含まれて体内に入ってくる合成食品添加物の解毒も加わるため、こうした臓器は疲労困憊しています。そのことが肝臓不全や腎不全、肝臓ガン、ネフローゼ症候群、腎臓ガンの原因にもなっています。

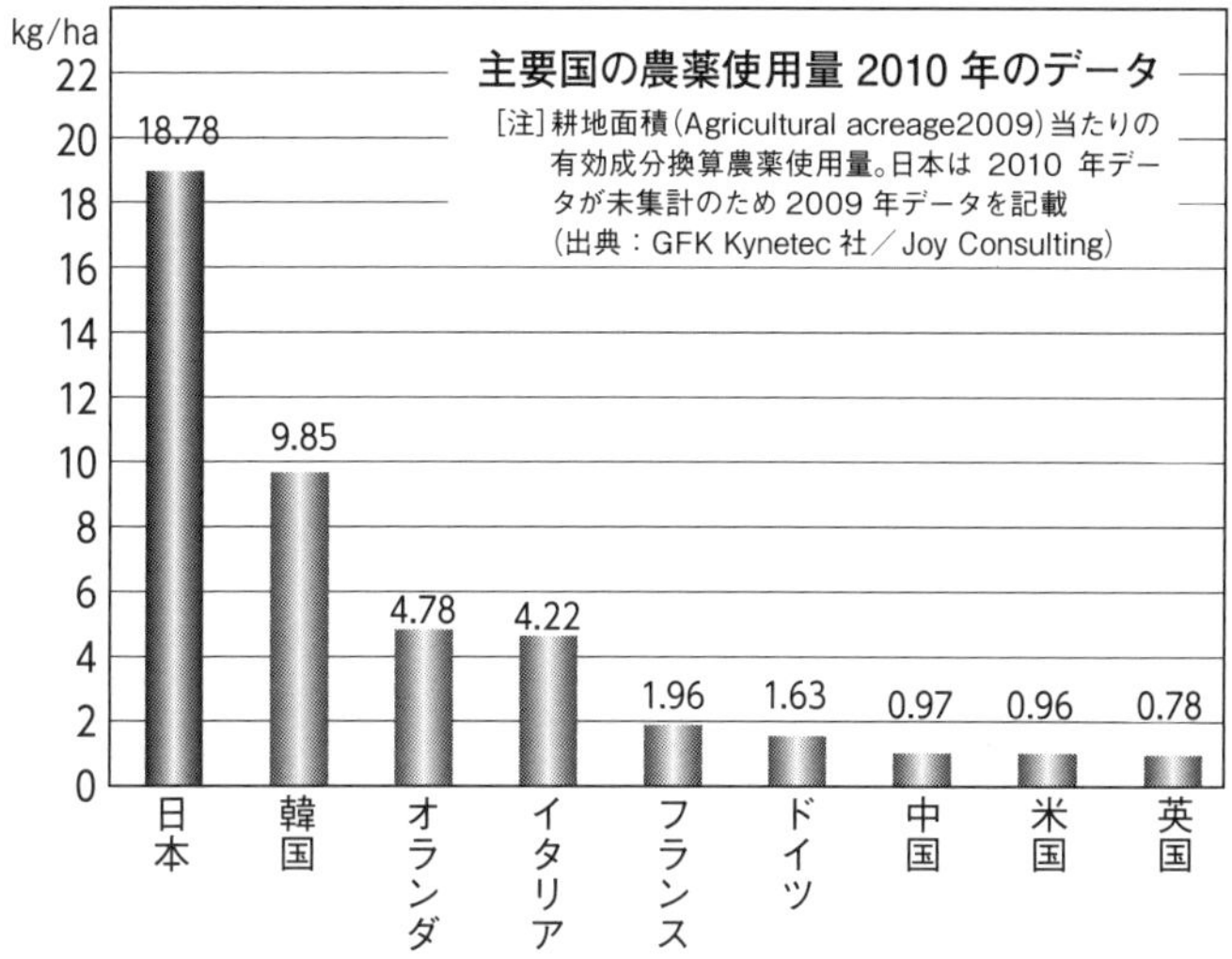

日本も、フランスやデンマーク、ドイツ、オランダや北欧のように農薬の使用をもっと厳格に規制すべきです。ところが現状は、日本のみが米国の農薬メーカーの言いなりになって無条件に使っています。

私の父は、92歳になるまで現役で農業をしていましたが、父の畑に害虫が現われたとき、プレゼントした100%天然の農薬ともいえる「PGS-1000」を1000倍希釈して使っていました。こうすると、害虫対策だけでなく植物成長も促されますし、作物は大きく育ち、美味しく安心して食べられます。

土壌にはミミズや微生物が増加して、作物にミネラルやビタミン、アミノ酸など栄養素が豊富になります。

☆森の香り精油の活用で完全無農薬のりんごが育った！

ＰＧＳ－１０００は、森の香り精油を中心にオオバコなどの植物エキスを加えた無農薬農業用の「成長促進・土壌改良・植物活力剤」です。

森の香り精油がもつフィトンチッドパワーで森林が害虫や病原菌、カビ菌から守られていることはすでに述べてきたとおりです。まさに天然の農薬ともいえる素晴らしい働きをもっています。この森の香り精油を農業資材として利用したのがＰＧＳ－１０００なのです。

私は、昨年までは秋の手づくり酵素の材料の一つとして青森の無農薬のりんごを取り寄せていました。しかし今回から、ＰＧＳ－１０００を撒布した完全無農薬りんごを使用しています。

秋の手づくり酵素の材料は、本柚子、キウイ、みかん、レモン、さつまいも、かぼちゃ、うこんなど50種類前後ですが、そのうちの一割を占めるりんごをこの無農薬りんごにしたのです。

毎年11月には、秋の手づくり酵素のセミナーを名古屋、大阪、東京などで開いています。参加者にこのりんごを食べてもらいますが、安心して皮ごと食べられますし、驚くほど瑞々しくてジューシーで酸味の利いた甘さに全員感動します。「今まで食べてきたりんごって、なんだったんだろうか？」という声も聞きます。

りんごは果物・野菜のなかでもっとも病気や害虫に弱いため「農薬で実らせる」といわれるほど毎週のように農薬を散布して育てます。新芽が出て10日後（4月）から散布がスタートし、花芽の開花直前の5月、落下直後と散布します。そして、雨が多く病気や害虫が多発する6月と7月は毎週散布します。結局、9月いっぱいまで年間で20回前後各種の農薬を散布するというのが一般的です。

小林英樹さん（あらやファーム）は、安曇野・松本地域で最初にりんご栽培を始めた祖父から3代目にあたります。美味しく、より安心して食べられるりんごを作りたいと、化学肥料は一切使わず、コーヒー殻や茶殻などを発酵させた有機肥料を使って土壌を豊かにし、大規模にりんごの有機栽培に取り組んできました。

PGS-1000

それでも実際には、害虫や病気を防ぐために最小限の農薬は使わざるを得ず、農薬を3

分の1くらいにする減農薬栽培を行なってきました。もちろん、一般のりんごと比べてとても美味しいと評判で、私の家族にも大好評でした。

今回、数千本のりんごの木のうち、片隅の10本のみ、農薬を完全に止め、8回ほどPGS‐1000を水で1000倍に希釈し散布しました。雨の多い時期に褐班病《かっぱんびょう》に少しやられましたが、初めての挑戦にしてはうまくいきました。しかも、従来よりも大きめのりんごを収穫できたのです。「奇跡のりんご」で有名な青森の木村秋則さんが完全無農薬で成功するまで10年の月日をかけたことからすれば、1年目でできたことは凄いことです（次頁の写真）。

☆完全無農薬りんごで実験

このりんごと市販の農薬使用りんごで酸化スピードを比較してみました。実をすりおろした15分後の写真aをご覧ください。明らかに市販のりんごのほうが速く濃くなっています。酸化スピードは小林さんのりんごの2倍以上でした。

このことは、PGS‐1000で育ったりんごには酸化を防ぐ抗酸化物質（フィトケミ

あらやファームにて。たわわに実った無農薬りんごと栽培した小林英樹さん

筆者にも笑みがこぼれる

カル）がかなり多いことを示しています。

次に、リンゴの中に含まれるソマチッドの量を位相差顕微鏡で比較してみました。写真bは農薬を使って育てたりんごで、写真cはPGS‐1000を使って育てたりんごです。小さい黒い点がソマチッドです。明らかに写真cのほうが多いのがわかります。

さらに動画で見ると、写真には写らないもっと小さい原始ソマチッドが多く蠢動していることもわかりました。PGS‐1000の中に存在する数億年前の原始ソマチッドが散布の際にりんごの皮から直接、実に浸透したからでしょう。

今後も継続してPGS‐1000を散布していけば、土壌中にも原始ソマチッドが浸透し、それが根から吸い上げられて実に入っていくだろうと思われます。

本書の最終原稿を執筆時には、2年目の無農薬リンゴの収穫をしました。前年より4割収穫が増え、味もいっそう美味しくなり、実も大きくなりました（写真d）。

PGS‐1000は土壌微生物を増やし、病原菌を殺す有機JAS認定の土壌改良剤でもあります。増加した微生物が生み出す窒素、リン酸塩、各種ミネラル、ビタミン、アミノ酸が作物の根から吸い上げられて栄養が豊富になりますし、作物の免疫力も高めてくれます。

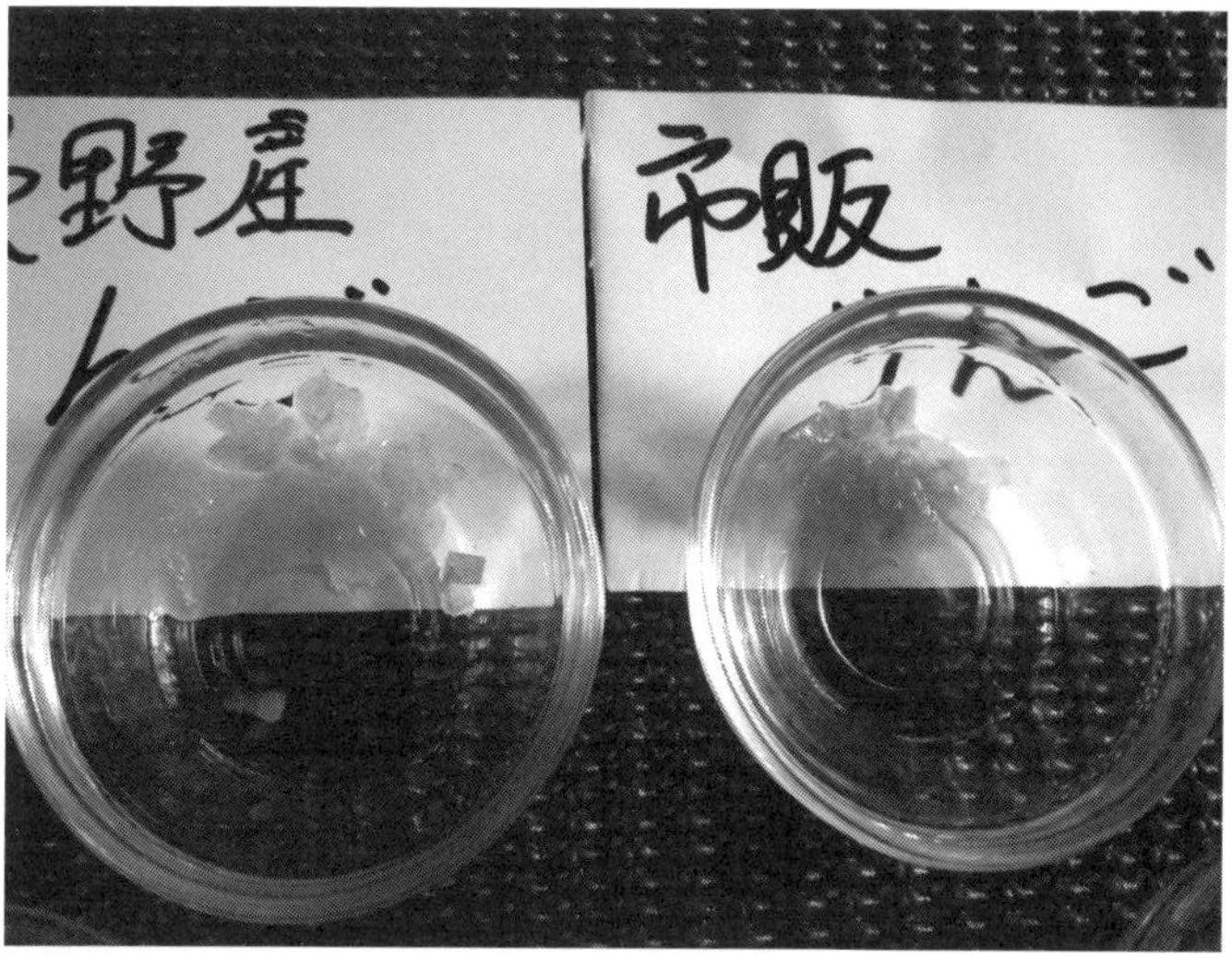

写真a／小林さんのりんご（左）と市販のりんご（右）の酸化スピードの比較。15分後、市販のりんごが明らかに酸化が進んでいる

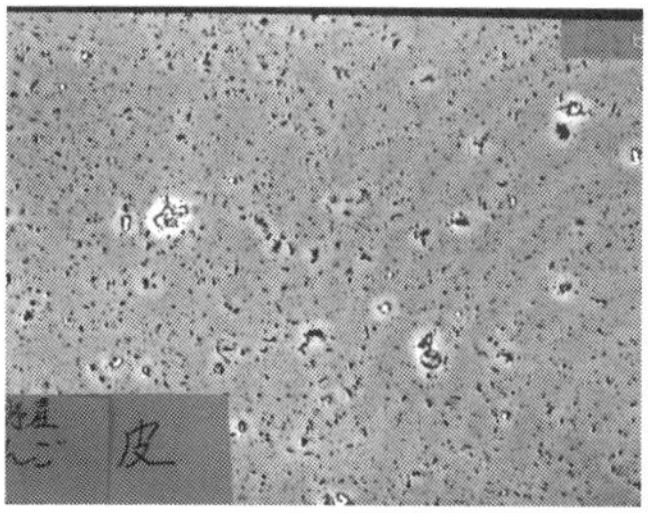

写真c／PGS-1000を使ったりんごのソマチッド

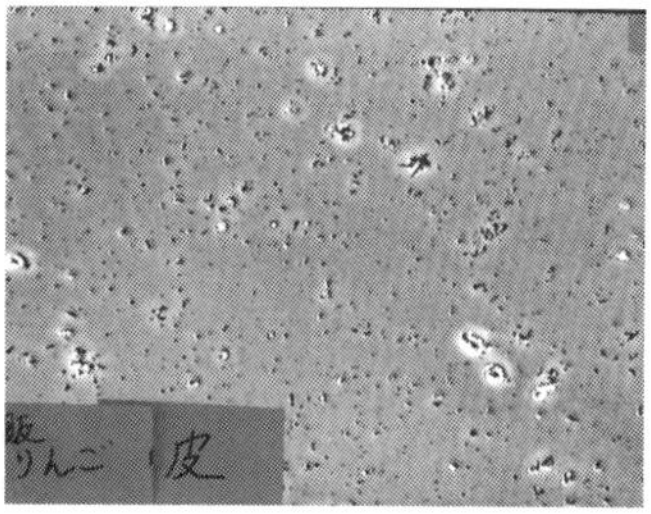

写真b／農薬を使ったりんごのソマチッド

写真ｄ／PGS-1000栽培りんご500g（左）と市販りんご330g（右）

筆者（松井）の父が作っていた畑のナスが8月の長雨で害虫に喰われ、枯れかけていたことがあります。そこで毎週ＰＧＳ-１００0を散布したところ、ナスは蘇り、害虫はいなくなりました。ナスの寿命が延びて、なんと11月まで美味しいナスを収穫できました。しかも、収穫したナスは冷蔵庫で腐らず長く持ちました。

九州の大分県では、ＰＧＳ-１０００の散布で、樹齢60年の梨の古木が、それまでは年に１２００個くらい実をつけていたのが、３年目に６０００個もの実をつけるようになりました。また岡山県の愛宕梨は、ＰＧＳ-１０００効果で１個２kgの見事な大きさになりました。

ちなみに、あらやファームでの今回の栽培実験で一つ課題が見つかりました。梅雨期のように雨の多い時期はもっとも害虫や病原菌の影響を受けやすく、葉が落ちる褐班病に少しやられたことは述べました。

一般の野菜はPGS‐1000だけで害虫と病原菌、カビ菌の被害を受けずに育つのですが、りんごはそれだけでは足りないようなので、来期は害虫や病原菌、カビ菌により強いPGK‐6000を梅雨期に散布する予定です。

すでにPGS‐1000を使って果物を作っている方で、梅雨期の対策にお困りならば筆者までご連絡ください。

☆PGS‐1000を使って自家栽培をしてみよう

小規模農家はもちろんのこと、家庭菜園やベランダ栽培でもPGS‐1000を使えば簡単に誰でも栽培できます。ぜひ挑戦してみてください。

冬の肥料入れのときにPGS‐1000を1000倍希釈で土壌散布します。次は、新芽が出たときから毎週一回、1000倍～2000倍希釈で散布すれば土壌が肥え、根が深く張り、病気にならず、害虫を寄せ付けず、大きくて美味しい野菜や果物が長期間にわたって収穫できます。

従来から無農薬野菜や果物作りに苦労してきた農家の方々は、ＰＧＳ－１０００の効果やシンプルな使用方法に驚かれます。これは何よりフィトンチッドパワーと原始ソマチッドパワーによります。

ＰＧＳ－１０００は20数年前から、九州や四国の一部の大規模農家が「ＪＡＳ認定野菜」として使ってきました。私がＰＧＳ－１０００を紹介しはじめたことで、３年前からはミテック会員の小規模農家が使いはじめ、さらに家庭菜園で使う方や、退職して田舎で農業を始めた方が使うなど、少しずつ利用者が増えてきました。やがて大きなうねりになることでしょう。

☆私のＰＧＳ－１０００を使った栽培体験

92歳になるまで父は、すいか、ナス、トマト、菜花、株大根などを少しずつ畑で作っていました。深い田んぼにはまって膝を痛めたことがきっかけで、米作りは完全に止めましたが、野菜作りは続けていました。

とはいっても、種を蒔いたり、苗を植えたり、雑草を抜いたりといった膝に負担がかかる作業は十分にはできません。しかも、近年は雨続きによる日照不足、逆に日照り続きなど異常気象が多く、作物が害虫や病気の被害を受けたり、生育不調だったりします。農家は農薬や化学肥料を増やすなどして苦心していますが、なかなかうまくいきません。

冬の白菜が全国的に不足し、かつてないほど高額になることもありました。私の田舎の近所でも、ほとんどの白菜が根こぶ病で倒れたり腐ったりして、売り出すどころか自家食用にすらならないことも。

父の畑の白菜も根こぶ病で全滅し、一つも収穫できませんでした。私はＰＧＳ‐１０００を使うチャンスが来たと思い、父が十分に働けないことを幸いに、毎週田舎へ通いＰＧＳ‐１０００を１０００倍希釈してすべての野菜に散布しました。

早いものは、種蒔きや苗植えの段階からやり続けました。あるいは、害虫や病気が発生し、枯れだした段階から散布をはじめた野菜もあります。

結果は、すべての野菜が害虫や病気を克服し、立派に大きく美味しく育ち、長期にわたって収穫できました。そのいくつかを紹介します。

①ナス

私の田舎（旧額田町）は、現在は吸収合併され、岡崎市になっていますが、美味しい「額田ナス」の産地です。生産量が少ないこともあって、残念ながら地元三河地域でしか知られていません。

昨年、父が植え付けたナスは6月から収穫がはじまりました。ところが8月の長雨と日照不足ですべて害虫にやられてしまいました。そのうえ、ナスの木も枯れだしたのです（写真f）。

そこで毎週、PGS‐1000を1000倍希釈して散布し続けました。すると、2週間後の8月末には害虫が完全にいなくなり、ナスの木は蘇ったのです。きれいな美味しいナスが再び実りだし、毎週収穫できるようになりました。

近所の農家のナスが枯れたり、病害で収穫が減っているのを尻目に、父のナスだけはますます元気になり、なんと11月まで収穫することができました。半年もの間ナスの実をつけ続けたわけです（写真g）。

一般の農薬をかけたくない父は、以前だったらそのままナスの木が枯れるのを見ているだけでした。

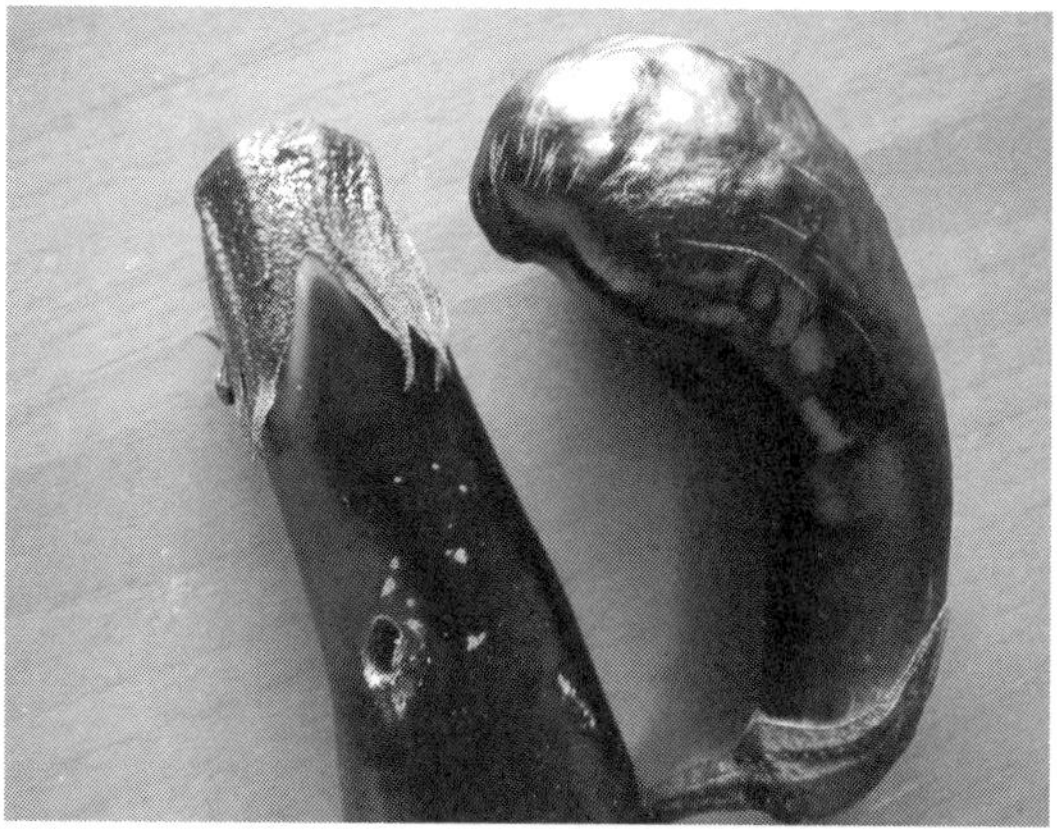

写真ｆ／害虫の被害を受け、ナスの木も枯れ出す

写真ｇ／PGS-1000の希釈液を散布することで、害虫がいなくなりナスの木も蘇る。きれいなナスが11月まで収穫できた

写真ｉ／PGS-1000希釈液を散布後、蘇り大きく育つ

写真ｈ／病害で菜の花の芽が枯れ出す

②菜の花

菜の花の種を蒔いて芽は出ましたが、植えつけた段階で病害が出て枯れだしました（写真ｈ）。

そこで毎週、ＰＧＳ‐１０００の１０００倍希釈液を散布したところ、見事に蘇りました（写真ｉ）。毎週収穫でき、５月ごろまで収穫できました。近所の農家も父から苗を分けてもらって、それぞれの畑に植え付けていました。

③白菜
種蒔きの段階から毎週、ＰＧＳ‐１０００を１０００倍希釈して散布しました。前年は１００％根こぶ病で全滅しましたが、今冬は根こぶ病に負けず青々と成長し、１月初旬には収穫し、倉庫に保存しました（写真ｊ）。周辺の農家の白菜は根こぶ病でほとんど全滅でした。

写真ｊ／PGS-1000希釈液を散布して、青々と成長

④ネギ
ネギは比較的病気には強いので、一般に農薬散布回数は少ないと思います。私は、２週間ごとにＰＧＳ‐１０００を１０００倍希釈して苗の植えつけ段階から散布しました。元気で美味しいネギがスクスク育ちました。１月から少しずつ収穫しますが、４月頃までは収穫できました（写真ｋ）。

写真ｋ／PGS-1000希釈液を散布して、ネギがスクスク育つ

今年は、野菜以外に桃や柿、果物にも毎週散布する予定です。

桃は害虫が大好きですので、農薬を使わないと全部虫に喰われてしまいます。りんごやブドウ、桃、柿も毎週農薬を散布しなければ害虫を防げません。ですから、スーパーに並ぶものはほとんどが農薬を使っていますが、ＰＧＳ-１０００を使うと虫がつかず、農薬の心配がないので皮ごと丸ごと安心して食べられます。

(8)森の香り精油を希釈してスプレーに利用

テレビコマーシャルで大量宣伝されている殺虫剤や虫除けスプレーのほとんどにはピレ

スロイド系農薬が使われていて、たいへん危険です。

なかでも、もっとも危険な殺虫剤は大日本防虫菊の「キンチョール」とアース製薬の「アースジェット」です。虫を殺すためにピレスロイド系農薬を使っていますが、小さい子どもがスプレーした成分を吸引して事故が起きています。体重20kgの子どもが2gほど吸引しただけでも死に至る可能性があります。

夏場に屋外で活動する際、蚊に刺されないために直接肌に吹き付ける虫除けスプレーがあります。

たとえば、アース製薬の「サラテクト虫除けスプレー」や金冠堂の「キンカン虫よけスプレー」はピレスロイド系農薬の「ディート」を使っています。赤ちゃんがいるところでは使用禁止、小さい子どもがいるところでは使用制限するように記してあります。大人でも使い続けると皮膚から体内に浸透し経皮毒となります。

ＭＯＲＩ ＡＩＲの専用液（精油）であるＰＣＫ（森の香り精油）を水や木曾ヒノキ水で20〜50倍に希釈すれば、100％天然の虫除けスプレーを作ることができます。筆者は、蚊がいる場所で作業するときは服や肌にスプレーしています。蚊が集まって来ても刺すことはありません。

このＰＣＫの希釈スプレーはいろいろなところで使うことができます。

・宿泊ホテルの部屋でスプレーして除菌・消臭する

・小部屋、炊事場、お風呂場、下駄箱、ロッカー、クーラーボックス、乗用車室内などでスプレーして除菌・消臭する

・生ゴミにスプレーして腐敗を防止する。逆に発酵して良い香りがする

・風邪、インフルエンザ、花粉症対策マスクにスプレーする

・エアコンにスプレーすると、エアコン内のカビ菌が死に、繁殖しない

6章

ソマチッドが大活性化し200歳長寿への扉を開く！

☆ソマチッドが多い人の共通点

１０００人以上のソマチッドのデータを見てきましたが、ソマチッドが多く存在し、活性化している人には共通している点がいくつかあります。驚くのは、生活面だけでなく精神面でも共通点があることです。

1　赤ちゃんはソマチッドが超大量に存在し、大活躍しているモデル‼

人生のなかでソマチッドがもっとも多く存在し活性化しているのは赤ちゃんで、次に多いのが幼児であると先述しました。なぜでしょうか？

最大の要因は「純真無垢な心をもっているからです」と言ったら、どう思われますか。しかも、両親からたっぷり愛されている赤ちゃんや幼児ほどソマチッドが多く活性化しているのです。反対に、親の愛が薄かったり、不安を感じたりする赤ちゃんや幼児ほどソマチッドが少ない傾向があります。

じつは、この傾向は赤ちゃんや幼児だけでなく、大人にも同じ傾向が見られます。56才のAさん（女性）は、赤ちゃんのようにソマチッドが超大量に存在し躍動していました。ガンや心筋梗塞や脳梗塞、アルツハイマー病をはじめとする生活習慣病のもとになる変性不良タンパク質も見られませんでした。

彼女は稀にみる幼子《おさなご》のように純真無垢な性格です。娘さんたちが言うのには「母は若いときから子どもみたいに純真で、自由な生き方をしている」そうです。「〇〇〇〇すべきだ」「〇〇〇〇しなければならない」と言われたこともないそうです。既成の社会的枠にとらわれたり、自己抑圧的な生き方をしたりせずに、心に感じたままに素直に生きてこられたのだと思います。

娘さんたちが迷っていると、「本当にやりたいことがあったら、まずやってみなさい。そしたら何か見えてくるはずよ」と後押ししてくれたといいます。母があまりに自由奔放すぎて心配なときは娘さんたちがフォローすることがあったそうですが、娘さんたちも母親に似て、自由な生き方をしているように見えました。

このような生き方をしていると、すべての出来事をありのままに客観的にとらえることができるため、「これでいいんだ！」「すべてに意味があるんだ！」と受け止めるため、自分の心をかき乱されることがありません。だからネガティブな感情が生じません。

たとえ嫌な出来事があっても、こんなものなんだと客観的に受け止めて冷静なままです。

嫌なことは自分の心を押し殺し、無理に受け入れたりしません。「嫌なことは嫌！」「好きなことは好き！」とはっきりしています。まるで赤ちゃんや幼子のような素直な生き方です。

こういう生き方をしている大人に何人も会いましたが、全員に共通しているのは、ソマチッドが超大量に存在していることです。

2　宇宙意識、無条件の愛、強靱的信念の持ち主

現世を超越したかのような宇宙的人生観や価値観、使命感、信念を持った人にも、共通してソマチッドが超大量に存在しています。

・何事にも執着心を持たず、変わらぬ無条件の愛ですべてを許し許容する生き方をしている人
・人生の目的と使命を自覚し、強靱な信念を持って明確な目標に突き進んでいる人
・夢の実現に向かって毎日ワクワク、ロマンを感じながら生きている人
・目の前の現象に振り回されることなく、すべての物事の本質や原因をとらえることができる人

☆人体は3種類の生命体によって構成されている

じつは、人体は次の3種類の生命体から構成されています。それは、人体細胞本体（60兆個）と、ミトコンドリア（数京個、1個の人体細胞内に100〜4000個存在）と、人体常在菌（腸内細菌1000兆個、皮膚常在菌1兆個、口内常在菌数千億個）です。

これらの生命体一つひとつには個別の意識があり、同時に集団としての意識（集合意識）も共有しています。

1　人体細胞

一つの人体細胞は細胞核内に一つのDNAを持ち、父と母の遺伝子情報を有しています。しかも、本人の心の状態が反映されているのです。

たとえば、いつも感謝し、ポジティブな心で暮らしている人は顔の細胞もイキイキし、喜びと平安に満ちた笑顔になっています。逆にいつも不平や不満、悲しみ、怒りなどのネガティブな感情で暮らしている人は顔の細胞も活力がなく、不安や不満、悲しみ、寂しさに満ちた顔つきになっています。つまり、その人の心の状態がそのまま顔の皮膚細胞に反映されているからです。

顔の細胞だけではありません。全身のすべての細胞に私たちの心の状態が反映されています。心が重く、ストレスを抱えている人は、全身の細胞もストレスを抱えて調子が悪くなり、病気の最大の原因となります。

日本人の5割は生涯のどこかでガンになる世界一のガン大国です。直接の要因として指摘されるのは、睡眠不足や過労の連続によって大量に発生する活性酸素、医薬品や農薬、合成食品添加物、環境ホルモンなどの化学物質、肉の食べ過ぎなどです。

しかし、最大の原因は精神的なストレスです。我慢し続けている人、不安や恐怖心を持ち続けている人は細胞が傷つきやすく、ガン細胞が発生しやすいのです。反対に、我慢をせず、何事にも執着せず、自由に生きている人や、ありのままにすべてを受け入れ、感謝して生きている人は細胞がイキイキしていてガン細胞になりにくいのです。

2　ミトコンドリア

細胞の中にはエネルギーを生産する器官である微小なミトコンドリアが存在します。一つの細胞の中に100から数千個存在しています。ミトコンドリアが元気で活発にエネルギーを作っていると細胞がガン化することはありませんし、健康で若々しく、長寿になります。

ミトコンドリアは酸素呼吸をしています。ところが精神的ストレスが強いと、呼吸が浅くなるため酸素不足になり、ミトコンドリアは十分に呼吸ができず不活性になります。ミトコンドリアのエネルギー生産能力は低下しますから、体温が低下します。体温も低下すると、免疫力が低下し、ウイルスや病原菌に感染しやすくなります。さらに、ガン細胞を殺すNK（ナチュラルキラー）細胞などの免疫細胞が弱体化します。ガン細胞は1日に2000個から1万個発生するといわれますが、そのガン細胞を消すことができなくなるわけです。

呼吸が浅くなるとミトコンドリアの活力が低下すると述べましたが、呼吸と精神は密接な関係にあり、ネガティブな感情が続いたり精神的ストレスを抱え続けていると呼吸は浅くなります。それだけでなく、意識や意志、感情をもつミトコンドリア自身もストレス状態に陥り、ますますミトコンドリアは不活性になってしまいます。

いつもイキイキとして毎日を過ごし、我慢や恐怖心をとらわれない自由な生き方をしていると、リラックスできて呼吸が深くなります。ミトコンドリアには酸素が十分に供給されますし、ミトコンドリア自身がストレス状態になることはありません。代謝エネルギーをより多く作りだして代謝力をアップさせますから、体温が高まり、免疫力も高まります。活性酸素が大量発生することもありません。

ミトコンドリアにとって、人体細胞は自分が住まわせてもらっているお家です。だから、その家の中をきれいにお掃除し、有害な化学物質などの毒物を排出して、良い環境を作る働きをします。さらに、ミトコンドリアにもっとも大きな影響を与える人の心がいつもきれいに整理整頓されていれば、ミトコンドリアは最大限に活性化できるのです。

3　腸内細菌

腸には小腸の回腸から大腸にかけて1000兆個、約2kgもの大量の腸内細菌が棲みついています。腸内細菌もDNAをもっていますし、意志と意識と感情をもっています。

腸内細菌には善玉菌、悪玉菌、中間菌（日和見菌）の3種類があります。

善玉菌と悪玉菌を合わせると、腸内細菌全体の3割を占めています。残り7割が中間菌です。じつは、悪玉菌といえども腸に必要な働きをしていて、問題なのは悪玉菌の量が増えすぎた場合です。

①善玉菌	ビフィズス菌、乳酸菌、酵母菌、麹菌、酪酸菌……
②悪玉菌	ウェルシュ菌、大腸菌（有毒性）、ブドウ球菌（有毒性）……
③中間菌（日和見菌）	レンサ菌、バクテロイデス菌、枯草菌、大腸菌（無毒性）、納豆菌……

全体の7割を占める中間菌は、善玉菌か悪玉菌の優位なほうへ傾きます。ですから、善玉菌が優位であれば中間菌は善玉菌に加担し、悪玉菌が優位であれば悪玉菌に加担します。まるでシーソーゲームのように、勢力の強いほうへ日和見しているわけです。その様子を見ますと、まるで人間社会のような集団意識で動いているようです。ですから、単純に分けて考えることはできないのですが、参考までにそれぞれの菌の基本的な性格についてまとめておきます。

○善玉菌の働き

①体内潜在酵素で分解できなかった食物繊維を食べて分解し、アミノ酸を作る

②小腸での消化吸収で残った食べカスに含まれる炭水化物やタンパク質などを分解し、酵素、アミノ酸、脂肪酸、ブドウ糖などにする

③ビタミンB群（ナイアシン、B_6、ビオチン、B_{12}）やビタミンKなどを合成して作る

④酸性の性質をもった乳酸や酢酸、酪酸などの有機酸、揮発性脂肪酸を産生する。この酸性の性質によって、外部から侵入した有害菌を攻撃し排除したり、病原菌の増殖を抑えたり、免疫力をアップしたりして、感染症予防の第一バリアとして働く

⑤大腸の善玉菌は小腸の免疫機能をコントロールしている

⑥善玉菌が産生した酵素が、さらに腸内での分解、消化、吸収、排泄などを応援している

⑦善玉菌の乳酸菌は、セロトニンやドーパミンの前駆体物質であるトリプトファンやフェニルアラニンなどの必須アミノ酸を作る。他にも、善玉菌は１００種類ほどの内分泌ホルモンの前駆体物質を作っている

⑧悪玉菌が作るニトロソアミンなどの発ガン性物質を善玉菌が分解する

⑨放射性物質が体内へ侵入しないように排除する

⑩脳に働きかけ、心をポジティブにする

⑪善玉菌が大量に存在すると、野菜や果物からアミノ酸を生産する。牛、オランウータン、

パンダ、象などが強靱な肉体を維持できるのは、食べた草や果物からアミノ酸を生産できる腸内細菌の働きがあるから

○悪玉菌の働き

(a)悪玉菌（有毒性）の有用性

①ビタミンを合成する
②病原性大腸菌（O‐157）を殺す
③有害な病原菌を殺す

悪玉腸内細菌といえども、善玉菌と比較して少なければ腸内細菌のバランスがとれて、人体に必要なビタミンを産生したり、中毒や死をもたらすO‐157などの病原菌を殺したりして、人体を守ってくれる素晴らしい働きをします。

(b)悪玉菌の有害性

①動物性タンパク質をエサにして増殖します。肉を多く食べる人ほど悪玉菌が増殖しやすくなります。

②悪玉菌が肉タンパク質から窒素（N）と硫黄（S）を含んでいるアミノ酸を産生するため、アンモニアや硫化水素、アミン、インドール、スカトール、フェノールなどの悪臭有害腐敗物質が発生します。

アミンは亜硝酸塩（漬物やハム、ソーセージに使われている食品添加物）と結合し、ニトロソアミンに変化し、直接、大腸ガンの原因になります。インドールは腎臓の毒素、アンモニアは肝臓の毒素です。

さらに、悪玉菌が産生した腐敗物質は血液を通じて全身に運ばれ、さまざまな病気の原因になります。臭いオナラだけでなく、臭い体臭の原因にもなり、しみや肌荒れ、吹き出物の原因にもなっています。

③免疫力が低下し、感染症やアレルギーを発症しやすくなります。

④白砂糖（ショ糖）や白砂糖を使った加工食品を多く摂ると、白砂糖が好物の悪玉菌や病原菌、ウイルスが増加します。

このように、悪玉菌が大量に増加し腸内細菌バランスが崩れると、腸内腐敗を引き起こし、とんでもない有毒な腐敗物質を大量発生させ、免疫力を低下させてガンや各種アレルギー、感染症をもたらします。

○中間菌（日和見菌）の働き

中間菌は独自性を持って働くのではなく、善玉菌か悪玉菌かのどちらか優位なほうへ傾き、加担します。たとえば、善玉菌が2割、悪玉菌が1割の場合、中間菌（7割）は善玉菌側に加担するので、9割が善玉菌の働きをします。これが腸内細菌の健全なバランス状態です。

逆に、悪玉菌が2割、善玉菌が1割の場合は、中間菌は悪玉菌側に加担してしまい、9割が悪玉菌の働きをします。その結果、腸内腐敗がどんどん進行し、精神的にも肉体的にもさまざまな病気が発症するようになります。

現代人の腸内細菌は、戦前までの日本人と比べて善玉菌が半減し、悪玉菌優位になって腸内腐敗が進んでいます。善玉菌が減少した理由、さらに悪玉菌が増加した理由はいくつか考えられます。

・善玉菌が減少した理由

①善玉菌のエサとなる食物繊維（野菜・海藻・玄米）の摂取不足（半減）が原因で、善玉菌が減少。食物繊維の摂取不足は、年齢が下がるほど深刻。

②本物の発酵食品の摂取不足が原因で善玉菌が減少。しかも、スーパーの発酵食品のほとんどは食品添加物まみれで熟成が極端に不足し、発酵食品とは名ばかり。

③抗生物質、医薬品、農薬、化学物質、食品添加物、抗菌グッズ、塩素（水道水）などで腸内細菌、とくに善玉菌が殺されます。なかでも抗生物質の影響による腸内細菌のダメージは深刻なため、厚労省は3日間以上連続して処方しないように指導しているが、医療現場では無視されるケースが多い。

・悪玉菌が増加した理由

①肉食の増加により摂取される動物性タンパク質（肉）の分解と消化には長時間（6～10時間）を要し、大量の消化酵素が消費されます。しかも、未消化のタンパク質が大腸内に長期間滞留することで、肉タンパク質が大好物のウェルシュ菌や大腸菌などの悪玉菌が大繁殖をします。

②食物繊維成分をまったく含まない肉の脂分がドロドロ状態で腸壁にへばりつき、長時間腸内に滞留すると、便秘や宿便の原因となり、悪玉菌がいっそう繁殖します。
③白砂糖やトランス脂肪酸（コンビニ食、ファストフード、ジャンクフード、スナック菓子、インスタント食品に含まれている）を多く摂ることで、悪玉菌が増加します。
④精神的ストレスが大腸にダメージを与え、悪玉菌が増加します。精神的ストレスで緊張状態が続くと、交感神経がいつも優位なままになります。そのために腸の蠕動運動は低下し、便秘になります。腸内腐敗が進み、悪玉菌も増殖します。同時に、極度な精神的ストレスは善玉菌にダメージを与えるため、腸内環境はますます悪化します。これが、うつ病の原因にもなります。

☆腸内腐敗がもたらした現代病（奇病）

腸内腐敗が進行し、増殖した悪玉菌が大量に発生させるアンモニアや硫化水素、アミン、インドール、スカトール、フェノールなどの有毒物質によって腸壁に炎症が起こります。

小腸の腸壁には、小さく分解、消化されたアミノ酸、糖、脂肪酸、酵素、ビタミン、ミネラルなどの栄養素を血液中へ取り込む絨毛細胞がびっしり存在しています。広げればテニスコート1枚半分にもなります。その絨毛細胞の表面は、細かい網目状になっています。ところが有害毒素で腸壁に炎症が生じると、絨毛細胞が破壊され、腸粘膜にまで大きな穴が生じてしまいます。その穴から、未消化の栄養素や有害毒素、化学物質（食品添加物、農薬……）などが侵入します。この現象をリーキーガット症候群（腸管壁浸漏症候群）といいます。

腸管の絨毛組織内にはリンパ腺のパイエル板が張り巡らされていて、免疫細胞が外から入ってくる敵を防ぐ防衛軍のようにして待ち構えています。これが腸管免疫の仕組みで、全身の免疫細胞（リンパ球、顆粒菌、マクロファージなどの白血球）の70％が小腸に集まっています。

この免疫細胞は腸壁から侵入した未消化のタンパク質や炭水化物、脂質を異物（敵）と見なし、排除しようと攻撃を加えます。たとえば、卵の未消化タンパク質に反応するのが〝卵アレルギー〟で、そばの未消化炭水化物に反応するのが〝そばアレルギー〟です。

家庭や保育園、学校、さらには外食で多くの肉や酸化した悪い油、トランス脂肪酸、食品添加物を摂るようになった子どもたちの腸内では腐敗が進み、腸年齢はすでに実年齢よ

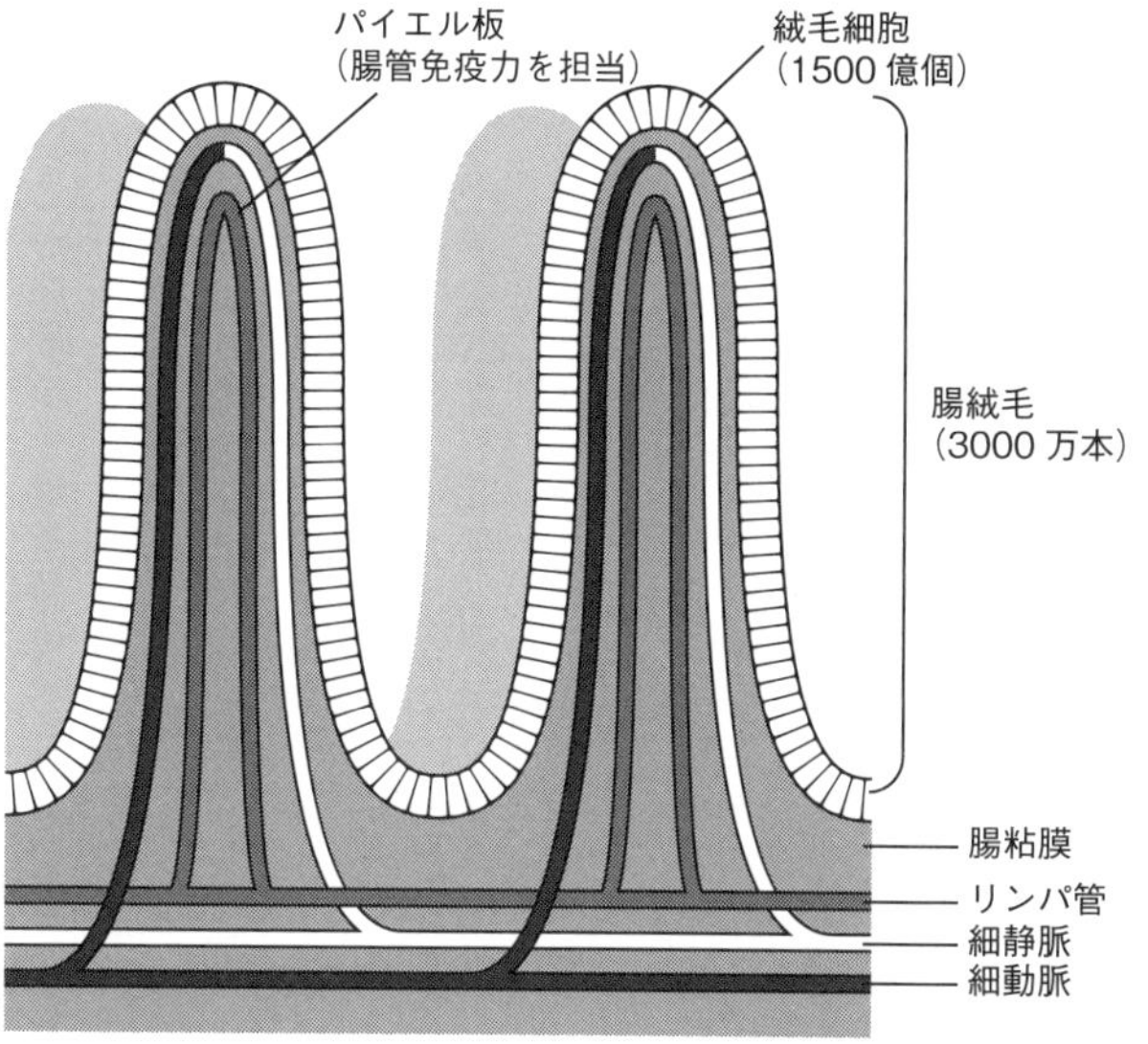

腸絨毛の断面図(絨毛細胞から分子レベルの栄養素が取り入れられる)

腸内腐敗 → 絨毛細胞の破壊、腸粘膜にまで穴が開く

↓

未消化栄養素(タンパク質、炭水化物、脂質)や腐敗毒素、有害菌、有害物質が侵入

↓

食物アレルギー、各種アレルギー(花粉症、アトピー)
うつ病、自閉症、潰瘍性大腸炎
関節リウマチ、膠原病……

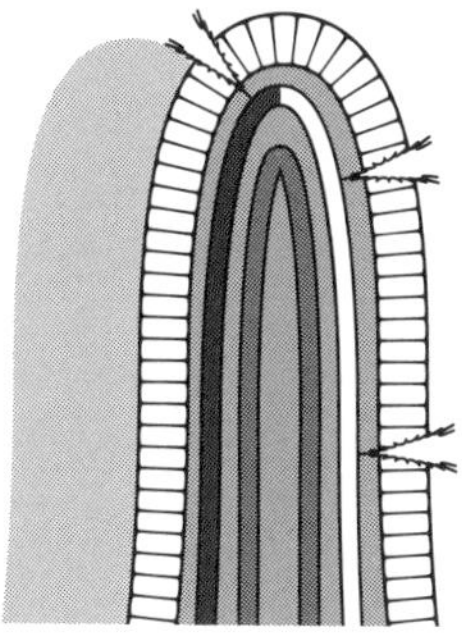

リーキーガット症候群(腸管壁浸漏症候群)

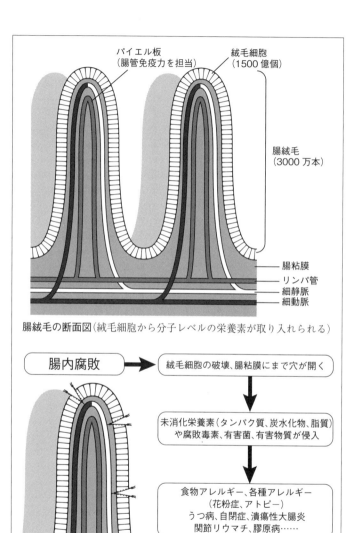

りも20歳も30歳も老化しています。20代で腸年齢が平均45・7歳、30代で平均51・3歳になっているというデータも報告されています。

腸内腐敗は年齢が低いほど進みやすいのですが、子どもたちを指導していると、小中学生の腸内腐敗はかなり進んでいるのではないかと心配になります。それは、善玉腸内細菌が大好きな食物繊維や酵素を大量に含んだ生野菜や海藻、発酵食品、刺身魚が家庭の食事から減り、さらに学校給食にはほとんど入っていないからです。

しかも、学校給食では悪玉菌が大好きな質の悪い米国産牛肉、質の悪い油を使った揚げ物、合成食品添加物を含んだ加工食品が多いのです。

腸内腐敗は、大人には自己免疫疾患という形で現われます。女性の場合はとくに関節リウマチや膠原病として、男性の場合は潰瘍性大腸炎（クローン病）として現われます。これは、免疫細胞が未消化タンパク質を外敵かどうか区別できなくなり、骨や内臓器官、大腸などを構成するタンパク質まで攻撃することで生じる奇病です。精神的ストレスも大きく影響しています。

自動車エンジンが排出する排気ガスと結合して侵入してくる花粉を異物（外敵）と勘違

いして、免疫細胞が攻撃することで生じるのが花粉症です。じつは、この花粉症には腸内腐敗が関係しています。腸内腐敗の影響で免疫細胞が異物に対して異常な反応を示すようになるからです。

同じく、気管や皮膚から侵入する異物に異常に反応して攻撃することで起こるアレルギー性疾患がアトピー性皮膚炎やぜんそくなどです。

☆うつ病は悪玉菌がもたらした疾患

現在、日本のうつ病患者は100万人を超えています。さらに、うつ傾向を示している潜在的うつ病は1000万人にも及んでいます。精神医療学界では、このまま推移すれば、20〜30年後には国民の半数がうつ病を発症すると警告をしています。

現代社会は仕事や人間関係などが原因で精神的ストレスがたいへん強くなったといわれます。しかし、いつの時代もさまざまなストレスを抱えながら人間は生きてきていますが、今ほどうつ病という病気はありませんでした。現代人は、それだけ精神的にヤワになってしまったのでしょうか。

うつ病の始まりは、「やる気が出ない」「不安を感じる」「気が滅入る」「倦怠感（だるい）がある」「眠れない」といった症状です。昔も今もさまざまなストレスの中で生きているのは同じでしょうが、なぜ現代においては、それがうつ病として発症してしまうのでしょうか。

その最大の原因が、悪玉菌の増加と善玉菌の減少による腸内細菌のバランスが崩れ、腸内腐敗が深刻になっていることにあります。現代医療では、うつ病の原因は精神安定ホルモンのセロトニン分泌の不足にあると考えられてきましたが、腸と脳の関係に関するこの10年あまりの最先端の研究で、じつは腸内細菌が産生する神経伝達物質が脳に多大な影響を与えていることがわかってきたのです。そこから見てきたことを挙げてみます。

1　セロトニン不足

「覚醒・精神安定のホルモン」と呼ばれるセロトニンは、太陽の光を浴びる朝から分泌がはじまり、日暮れとともに分泌が止まります。朝日を浴びると、頭がすっきりして爽快な気分となり、「よし！　今日もやるぞ！」とやる気や集中力が増すのはセロトニンが分泌されるからです。

ところが残念ながら、現代人にはこのセロトニンが不足している人が多いのです。その原因は、生活習慣の乱れと善玉菌の減少、悪玉菌の増加でセロトニンの分泌が低下していることにあります。

セロトニン不足は夜の睡眠不足にもつながります。うつ病やうつ状態になる人々の多くが、夜になっても眠くならない、床に入っても頭が冴えて寝つきが悪い、やっと寝つけたと思っても何度も目が覚めてしまう、結局朝の目覚めが悪くすっきり起きられないと訴えます。

それは、日中のセロトニン分泌が少ないために、睡眠ホルモンとも呼ばれる内分泌ホルモンのメラトニンの分泌量も減ってしまうからです。メラトニンは夜のうちに分泌され、睡眠時間を安定させる体内時計の役割を果たします。子どもにとっては夜間の睡眠中に成長ホルモンとして働き、大人にとっては若返りホルモンとして働きます。また、1日の疲労を取る修復ホルモンとしての役割も果たします。

メラトニンは夕方暗くなると分泌がはじまり、午後10時から午前2時の間が分泌のピークを迎えます。その後、朝には分泌が止まります。寝室を暗くすることもメラトニン分泌量を増やすコツです。何よりメラトニンの量は日中のセロトニンの量に比例するので、セロトニン不足を防ぐことも大事です。

昼間の覚醒を促すセロトニンと、夜間の睡眠を促すメラトニンは、昼間優位になる交感神経に、夜間優位になる副交感神経にそれぞれ働きかけています。つまり、セロトニンとメラトニンは自律神経のバランスに大きな影響を与えているともいえるのです。

じつは、メラトニンはセロトニンから合成されて作られます。さらに驚くべきことは、セロトニンは脳ではなく、腸で作られ、そのほとんどは腸に存在しています。生物進化上、腸こそ「第一の脳」だったからです。しかも、そのセロトニンの90％は小腸で夜間に活発に働いています。残り8％のセロトニンは血液の血小板内にあり、脳に存在するセロトニンは全体のわずか2％にすぎません。

夜、メラトニンがしっかり分泌され、ぐっすり睡眠をとっていると、その間に腸ではセロトニンが作られています。そのセロトニンが朝日を浴び目覚めるころから分泌されはじめて、精神的にも肉体的にも覚醒した状態にしてくれるのです。

セロトニンの生産が少ないと自律神経失調症になり、うつ状態やうつ病の原因にもなります。またセロトニンが不足すると、セロトニンから合成されるメラトニンも不足します。

セロトニンとメラトニンの不足は、そのまま自律神経のバランスを崩すことにつながり、自律神経失調症をもたらします。その結果、さらにうつ状態やうつ病を発症しやすくなります。現代人にうつ状態が増えている原因がここにあります。また、子どもたちの無気力感や集中力の欠如、多動性、落ち着きのなさなどの原因にもなっています。

逆にセロトニンの生産が多い人は、腸がきれいで善玉腸内細菌が多い人です。セロトニンが多いとメラトニンも多くなり、睡眠を十分取ることもできます。日中は、精神が安定、充実し、やる気十分です。

セロトニンは、トリプトファンというタンパク質から分解された必須アミノ酸から合成されます。大豆類や豚肉に多く含まれています。

ところが、豚肉は日常的に多く摂ると、その脂分が腸内をドロドロ状態にします。おまけに、豚肉のタンパク質（牛肉も同様）を恰好のエサとする悪玉腸内細菌を増やし、腸内腐敗をもたらします。

ですから、大豆を摂ったほうがいいので、納豆や豆腐などの大豆食品摂取がおすすめなのですが、昔と比べて現代人の摂取量は減少しています。

トリプトファンからセロトニンを合成するにはビタミンB群の働きも欠かせません。このビタミンB群は、食品から摂取するだけでは足りません。もっとも多くダイレクトに産生しているのが善玉菌です。ところが現代人は善玉腸内細菌が不足しているため、この点でもセロトニン合成が間に合っていません。

大豆タンパク質と食物繊維中心の食事に切り替えれば、善玉菌を増やすことができますし、結果的にセロトニンを増やすこともできるのです。

善玉菌が多いと、腸内細菌全体の7割を占める中間菌（日和見菌）も善玉菌として働きますから、セロトニンはもちろん、幸せホルモンといわれるベータエンドルフィンの分泌にも貢献してくれます。これらは、どちらもストレスを和らげる抗ストレスホルモンです。

逆に悪玉腸内細菌が増加すると、中間菌（日和見菌）は悪玉菌として働き、さまざまなストレスホルモンを合成します。ストレスホルモンとは、闘争ホルモンのアドレナリンや恐怖ホルモンのノルアドレナリンなど精神的ストレスをもたらすホルモンです。不安、心配、あせり、恐怖、焦燥感、イライラ、キレるなどのネガティブな感情を引き起こします。

野菜や海藻、果物をあまり食べず、肉や揚げ物、ファーストフードばかり毎日食べている人は、その傾向にあります。これには、動物性タンパク質の多い食べ物も関係しています。

2 腸内細菌が人の心にダイレクトに影響を与えている

人間の大脳には、全体で1000億個以上の神経細胞が存在し、ネットワークを張り巡らし、情報交換をしています。一方、腸にも1億個の神経細胞が存在し、腸管の周囲を覆い、ネットワークを張りめぐらせています。これを「腸管神経系」といいますが、犬の脳の神経細胞の数と同じです。

腸の1億個の神経細胞のなかで、大脳の1000億個の神経細胞とつながっている神経細胞はわずか5000個しかありません。それ以外の腸管神経は大脳とは独立した神経系を組織していて、まさしく「腸脳」として働いています。ですから、脳からの指示で腸を完全にコントロールしているわけではないのです。

腸脳は、大脳からの神経伝達経路とは異なる「迷走神経」という直通回路を使いダイレクトに大脳に働きかけています。善玉菌が合成するセロトニンもベータエンドルフィンなどの抗ストレスホルモンもダイレクトに大脳に働きかけています。一方、悪玉菌が合成するアドレナリン（闘争ホルモン）やノルアドレナリン（恐怖ホルモン）などのストレスホルモンも、ダイレクトに大脳に働きかけることができるのです。

☆悪玉菌が作る毒素が「自閉症」の原因

2015年2月に放映されたNHKスペシャル『腸内フローラ解明！　驚異の細菌パワー』の中で、自閉症に腸内細菌が関わっているという説が紹介されました。米国のカリフォルニア工科大学のイレイン・シャオ博士が2013年に発表した論文です。

従来は、自閉症はじめ、さまざまな脳の発達障害の原因は幼児期に打ったワクチンに含まれる有機水銀やアルミニウム塩、環境中にある水銀やカドミウムなどがその原因と考えられていました。たしかに、これらが神経細胞に蓄積されると脳障害や神経障害を引き起こすからです。

シャオ博士は腸内細菌が作り出す「4EPS」という毒素も自閉症の原因になっていることを発表しています。マウスの実験で、腸壁（絨毛細胞）に隙間が空いているマウスには腸内細菌が作る「4EPS」という毒素が侵入し、血液中に流れ込むために、「4EPS」が正常なマウスの80倍にまで増えていることがわかりました。このマウスは1分間に正常マウスの3分の1しか鳴き声を発せず、コミュニケーション障害を起こしていることがわかりました。

ところが、別の腸内細菌が産生する整腸剤（バクテロイデス・フラジリス）をこのマウスに与え続けたところ、症状は改善しました。これを人間に置き換えてみれば、悪玉腸内細菌の増殖で腸内腐敗を起こし腸壁に穴が開き、悪玉菌が生み出す「4EPS」が血液中に侵入すると、自閉症になる可能性が考えられます。逆に善玉菌が多ければ、腸内腐敗は生じず、「4EPS」が血液中に入ることはなくなります。

他にも、自閉症と腸疾患の関連を指摘する研究が増えています。米国疾病予防管理センター（CDC）によると、自閉症児が慢性的な下痢や便秘を体験する確率は健常児より3・5倍以上高いという報告があります。

米国アリゾナ州立大学の研究者らが、自閉症児と健常児から採取した便中の腸内細菌を分析したところ、自閉症児の腸内細菌の種類がとても少ないことがわかったと報告しています。

また2016年、「福井大学子どものこころの発達研究センター」の栃谷史郎特命准教授が率いる研究チームは、腸内細菌が少ない母親から生まれた子どもに発達障害が現われる可能性があることを、妊娠マウスの実験が示したと報告しています。

☆腸内腐敗による「腸脳」の休眠と精神力低下

先述したように、小腸壁には1億個もの神経細胞が存在し、「腸脳」の役割を果たしています。「人体にとって、食べて良いものか悪いものか」「今、自分の体に必要な微量元素（ミネラル）やビタミン、酵素などを含む食物は何か」などと、直感で判断しているのが腸脳です。

残念ながら、大脳の神経細胞とつながっている腸脳の神経細胞はわずか5000個しかありませんから、余程きれいで研ぎ澄まされた神経でないかぎり腸脳の直感力（＝腸感力）は大脳に伝わりません。しかも、悪玉腸内細菌優位で腸内腐敗が進んでいると、ますます腸脳の声が大脳に聞こえにくくなります。

腸内腐敗による腸脳の休眠は、私たちの精神活動にも深刻なダメージを与えています。腸脳の1億個の神経細胞は小腸壁に張り巡らされていますが、その中心部辺りを丹田といいます。昔のサムライたちは、武道や呼吸法、気合いなどで丹田を鍛えてきました。義のためには一命をもいとわず戦い、切腹までする強靫な丹力（精神力）を発揮しました。詳しくは拙著『脳を鍛える丹田音読法』（コスモ21）に述べていますが、強靫な精神力や意志の力は、まさに丹田にあります。丹田とは腸脳そのものです。

残念ながら、現代人は腸内腐敗が原因で腸脳が眠ってしまっています。そのことが精神力の低下や意志薄弱と関係していると思われます。多くの子どもたちにハツラツ感が欠け、無気力感や集中力の欠如、多動性や落ち着きのなさが年々目立ってきていることにも関係があるでしょう。

いじめが原因での自殺が増加し続けています。もちろん、いじめはいいことではありませんが、同時にいじめる側もいじめられる側も自分の心の弱さに打ち勝つ力が低下していることも影響しているのではないでしょうか。

それは、子どもだけではありません。若者の引きこもりや統合失調症、中高年のうつ病や自殺も増えています。社会的エリートでさえ、突然の想定外の挫折で自殺するケースが多くあります。その原因には腸脳（＝丹田）の休眠も関係していると思われます。

善玉腸内細菌が好きな食物繊維を多く摂っていても下痢や便秘をしたり、腸内腐敗が進んでいる人がいます。その原因は精神的ストレスです。

我慢、不安、恐怖心、悲しみ、怒り、苛立ち、焦燥感などのネガティブな感情が続くと、腸内の善玉菌は減少し、悪玉菌がどんどん増加します。そのうえ、睡眠不足や肉体の酷使による肉体的ストレスも加われば、さらに精神的ストレスが増加し、善玉腸内細菌の減少、悪玉菌の増加がすすみます。

人の心の状態と腸内細菌は同調しています。善玉菌は人間の前向きな思考、ポジティブな感情や愛情と同調し、腸内環境を良くします。

☆森の香り精油は原始ソマチッドの宝庫

人体の細胞、ミトコンドリア、腸内細菌などを形成するＤＮＡの成分はアミノ酸です。しかし、アミノ酸自体が情報を持っているわけではありません。牛肉を食べれば、そのタンパク質を分解したアミノ酸で人間の細胞は形成されますが、人間は牛にはなりません。人間は人間です。

では、人間を形成するＤＮＡの情報はどこから来るのでしょうか。それがソマチッドによる宇宙情報なのです。発電機を回転させたり、太陽パネルの発熱で電気を発生させることはできますが、電気エネルギーの源は宇宙に偏在するエネルギーです。そこはまだ、現代の分析科学では解明されていない未知の世界です。

同じように、現代科学で解明しきれていないのが生命の源です。筆者はそれこそソマチッドであると考えています。じつは、宇宙のエネルギーもソマチッドも3次元科学を超えた多次元（高次元）レベルの科学でなければ解明できません。

それでも、人類が電気エネルギーを実用化しているように、ソマチッドも実用化できます。ソマチッドを大量に増やし、大活性させれば、免疫力が向上し、生命力の強化をはかることができるのです。

人間の肉体は食物で作られますから、可能な限り化学物質の入っていない自然なもの、できれば、深山から湧き出る岩清水を飲み、大自然の山菜や野草、果物、木の実、根物、そして自然栽培や無農薬有機栽培の作物がいいのはもちろんです。

そしてもっと大事なことは、生命の源である原始ソマチッド、さらには古代ソマチッドや現代の良質なソマチッドができるだけたくさん入っている自然な食物であることです。

その点、本書で紹介している森の香り精油は原始ソマチッドの宝庫です。何より強力な免疫力と生命力を得ることができます。

☆森の香り精油生活法のすすめ

全国各地で「200歳長寿を実現する極小生命体ソマチッドセミナー」を開催しています。これはソマチッド体験の入門編です。このセミナーでは、午前中は血液中のソマチッドの量や活性化具合を調べ、生活習慣病の原因となる変性不良タンパクの存在や赤血球を中心とした血液の状態などを確認します。

午後は、ソマチッドに関する学習と、ソマチッドを増やし活性化させる方法を学びます。その場で、一人一人に適したソマチッドの増やし方や活性化方法についても学びます。

2018年9月に大阪で実施したセミナーには、40代から70代の人達が12名集まりました。このうち、40代から60代までの10人の参加者は、まったく初めてのセミナー参加者でした。ソマチッドに関してはまったくの初心者でした。

このとき、もっともソマチッドの存在量が多かったのは最年長で73歳の藤島明美さんでした。次頁の写真のとおり、原始ソマチッドが超大量に存在しているのがわかります。一方、他の40代から60代までの初めての参加者は、藤島さんの数十分の一から数百分の一の原始ソマチッドしか存在しませんでした。それでも、同年齢の一般人と比べて平均レベル

藤島明美さん（73歳）の血液写真。原始ソマチッドが大量に存在（10000倍画像）

でした。

藤島さんが初めてセミナーに参加したのは2年前です。当時の彼女はいくつもの不健康な問題を抱え、少しフラフラしていました。しかし、その日のセミナーをきっかけに自分の健康は自分で回復できると考え方を変えました。そして、手づくり酵素を作って毎日飲み、食生活を改善し、ミトコンドリアと腸内細菌の活性化を図る努力を開始しました。

新たに化学物質を体内に入れないように、医薬品を再確認し、無農薬野菜や合成食品添加物の入らない食品に切り替えました。また、合成界面活性剤や農薬の入った洗剤や消臭スプレー、入浴剤等の日常生活用品をすべて止め、森の香り精油が入った日常生活用品をで

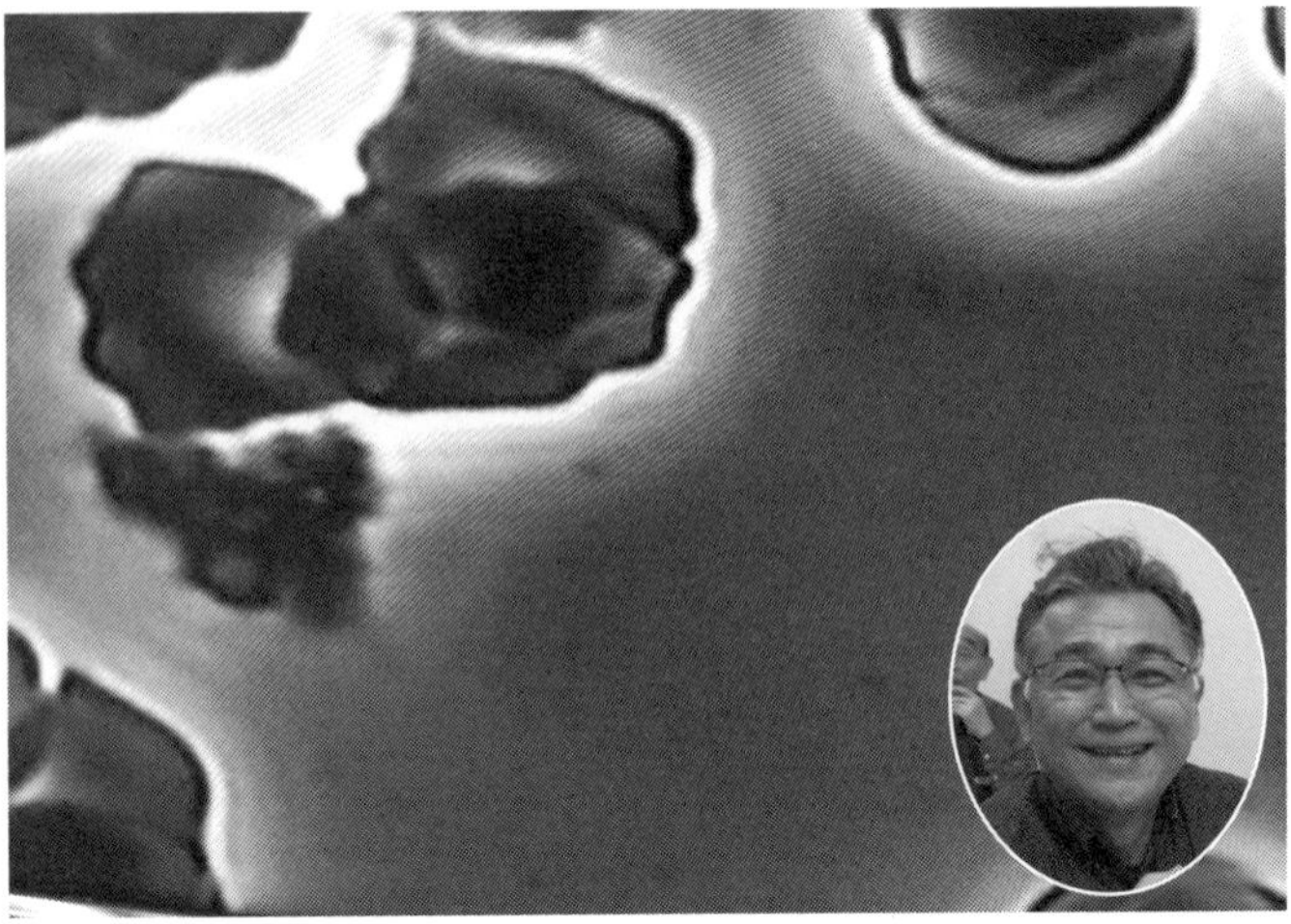

松本幸雄さんの血液写真。大小のソマチッドが躍動（10000倍画像）

きるだけ使用するように変えました。

さらに、寝室に「ＭＯＲＩ ＡＩＲ」を設置して、睡眠中に森の香り精油を吸引できるようにしたところ、夜はぐっすり眠ることができ、朝はすっきり起きられるようになりました。もちろん、以前より考えられないほど体調がよくなったといいます。今回の検査では、原始ソマチッドの量は、なんと赤ちゃんレベルの超大量になっていました。

大阪のセミナーの翌週に開催した福岡のセミナーに参加していた松本幸雄さんは、その2年前から寝室にＭＯＲＩ ＡＩＲを設置して原始ソマチッドを睡眠中に吸引していましたが、その日のソマチッドは赤ちゃんレベルの超大量でした。

写真の画面内には数百個もの大小のソマチッドが存在し、躍動しています。動画で確認すると静止画面ではよく見えない極小の原始ソマチッドが大量に存在していることがはっきりわかりました。

その他のセミナー参加者も、その場で5分間、MORI AIRの噴霧口から直接森の香り精油を吸い込んだあと、原始ソマチッドの状態を見ると、一気に増えていることがわかりました。

その一人、50歳のAさん（男性）は、午前中は272頁の左の写真のようにソマチッドが画面内に2～3個しか存在していませんでした。ところが、午後のセミナーでMORI AIRを5分間吸引したあとは100個以上存在しているのがわかりました。

60代のHさん（女性）も、午前中はソマチッドはほとんど存在していませんでしたが、MORI AIRで森の香り精油を吸引したあとは数百個のソマチッドが存在し、躍動していました。

50代のIさん（女性）の午前は写真の画面のようにソマチッドが数個しか見られませんでしたが、午後の森の香り精油を吸引した後は、ソマチッドが数百個存在し、躍動していました。

MORI AIRを吸引前後（Before After）の血液の変化

下記の画像の左側はMORI AIR吸引前。右側は吸引後

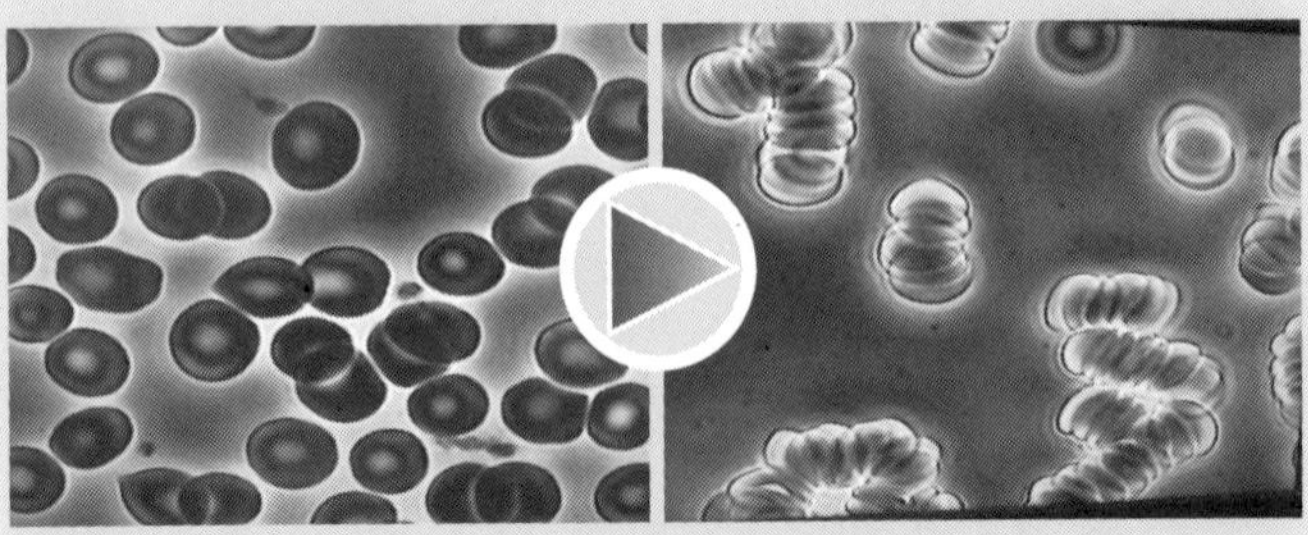

Aさん（50歳・男性）の血液の変化

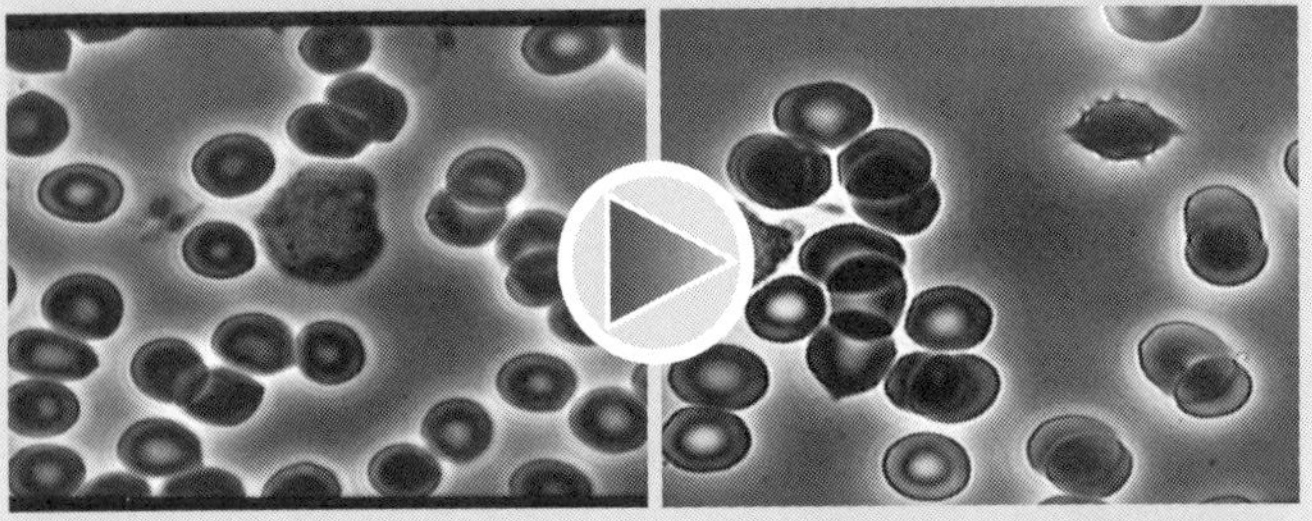

Hさん（60代・女性）の血液の変化

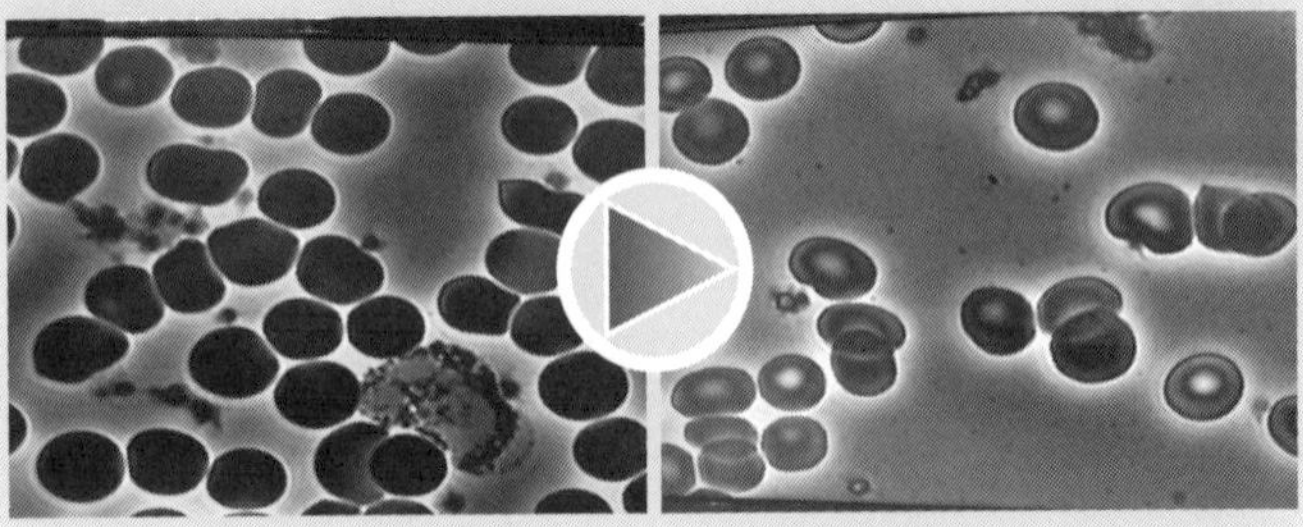

Iさん（50代・女性）の血液の変化

福岡のあと、東京で行なったセミナーに初めて参加した50歳のOさん（女性）は、前日までストレス連続の日々を過ごしていたため、変性不良タンパクが多くありましたが、ソマチッドがそこに集中し、分解していました。そのため、ソマチッドが血漿中には見当りませんでした。次頁の上の写真はそのときの午前中の血液です。赤血球が少し連鎖し、酸素がやや少なく、中が透けて見える赤血球もあります。ところが午後のセミナーで森の香り精油を吸引したところ、次頁の下の写真のように血漿中のソマチッドが超大量に増加しました。血液中の酸素量がグーンと増え、赤血球が色濃くなっています。

このように森の香り精油の働きは原始ソマチッドを大量に増加させるだけではありません。血液中の酸素量を増やすこともあります。

これは、森の香り精油が副交感神経を刺激し、リラックス状態になることで呼吸が深くなり、酸素を多く摂り入れるようになったからだと思われます。

東京で若返り食生活のセミナーを行なったときのことです。午前10時から夕方6時までの一日セミナーでしたが、始まる1時間前の9時から、セミナールーム全体に森の香り精油が満ちるように噴霧しておきました。

このときの参加者の中に、前日まで体調が悪く、寝込んでいた60代の男性と風邪気味の

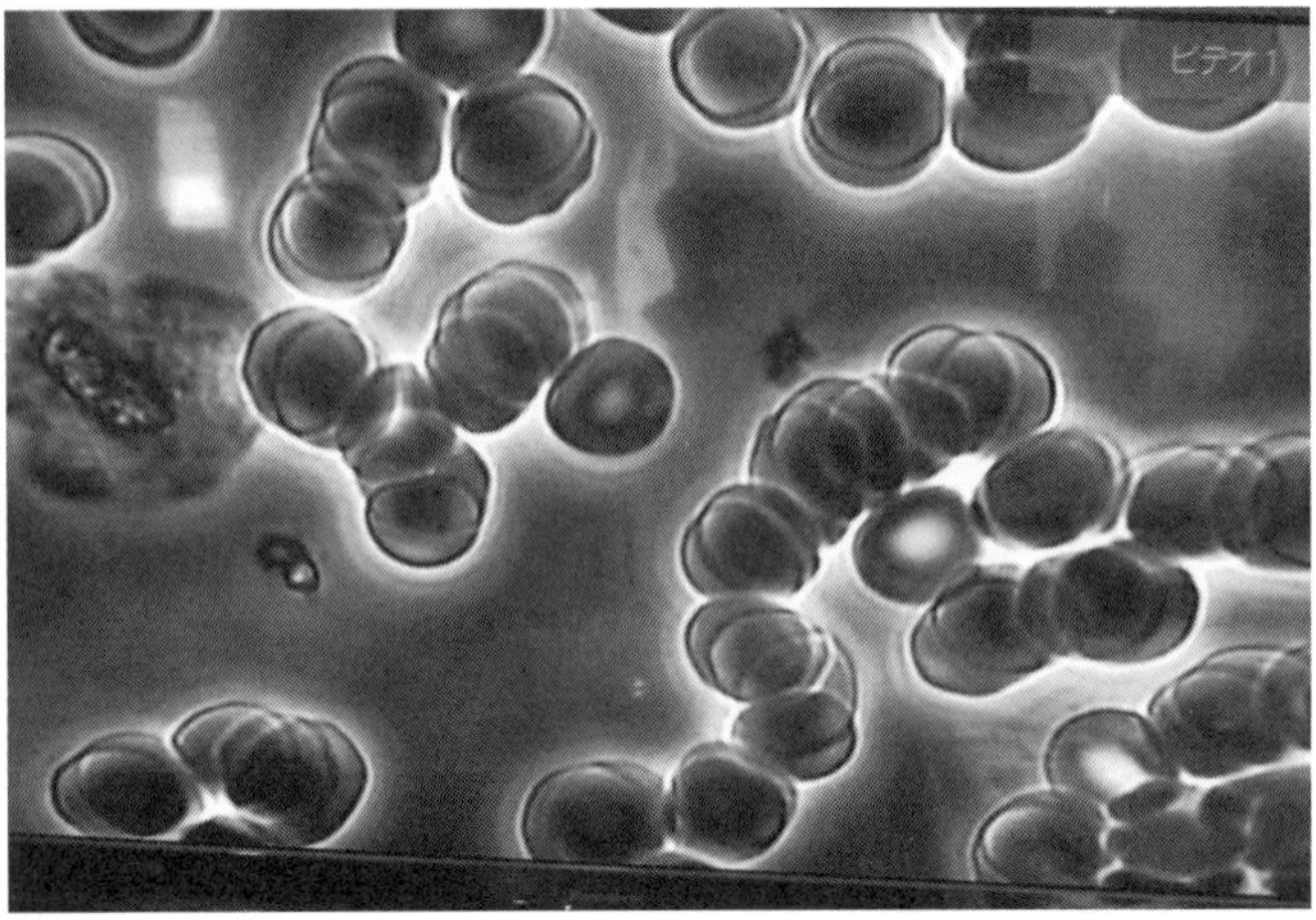

Oさん(50歳・女性)の午前中の血液。酸素が少なく、
透けて見える赤血球もある

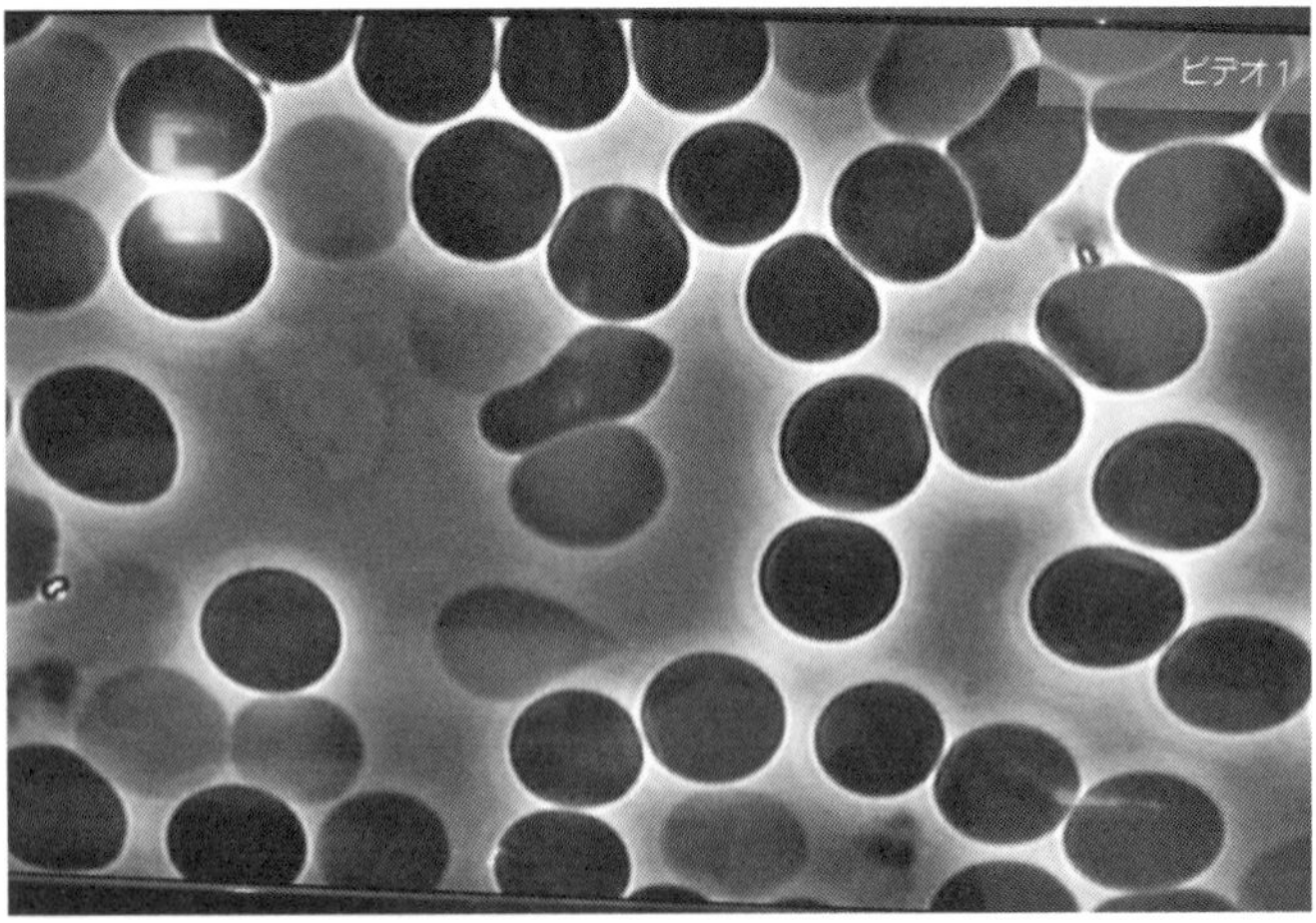

午後の血液写真。森の香り精油を吸引して、ソマチッドが大量増加

50代の女性が無理を押して参加されていました。直前まで、出席しても長時間のセミナーに耐えられるだろうかと出席を迷っていたそうですが、セミナー会場に入った瞬間、精油の香りで鼻も脳もすっきりしてホッとしたそうです。

夕方6時30分のセミナー終了時には、普段より頭が冴え、血色の良い顔でいつもより元気になったと喜ばれていました。小規模のセミナーでは森の香り精油を室内に漂わせていますが、似たようなことがよく起こります。

8時間から9時間という長時間セミナーですが、みなさん、疲れるどころか元気になって帰宅されます。たった1日ですが、セミナー中、森の香り精油に包まれていることでフィトンチッドパワー、アロマテラピーパワー、そして原始ソマチッドパワーを体感していただいています。

エピローグ

プロローグの最後に記した父の奇跡は、その後さらに周囲を驚かせ続けています。

プロローグの原稿執筆時から1カ月後には、父は少しどころか自分からヘルパーさんや私たちに声をかけ、会話をするまでになったのです。認知度や認識度がかなり改善し、目がいきいきとし、顔色がほんとうに良くなりました。

私が作った食事がわりの手づくり酵素もたくさん飲むようになり、どんどん元気になってくれています。老人ホームの皆さんは、その変容に「奇跡だ！」と驚いています。

樹齢数百年から千年の木曾ヒノキや青森ヒバなどに含まれる森の香り精油がもつ免疫力と生命力の凄さを、私の父がまざまざと実証してくれました。これこそが、フィトンチッドパワーとアロマテラピーパワー、そして数億年間エネルギーを蓄積してきた原始ソマチッドのパワーがもたらした免疫力と生命力の働きだと確信しています。

現代人の体は、石油から化学合成された化学物質まみれになっています。分析科学が生んだ化学物質は、口から入る医薬品、農薬、除草剤、合成食品添加物、環境ホルモンなど、皮膚と呼吸から入るシャンプー、ボディーソープ、各種洗剤、化粧品、殺虫剤、除菌剤、消臭スプレー、入浴剤などが体内毒として侵入し、全身の臓器や脳、神経系、皮膚の細胞などに蓄積されています。

その化学物質がガンやアレルギー、うつ病、認知症等、さまざまな現代慢性病を招く原因となっています。それだけでなく、こうした石油化学による合成物質は、自然環境を汚染し、バランスを狂わせ、自然破壊をもたらしています。

地球のあちこちで、人間による森林破壊が進み、砂漠化が進んでいます。そのなかで唯一、1５000年前に縄文時代がスタートした日本のみが、森林と共存してきています。その日本にのみ生育するヒノキ、青森ヒバ、スギなどの樹木から抽出された森の香り精油は、人類の宝ともいうべきものです。この恵みを日常生活に生かし、免疫力と生命力を強化していけば「２00歳長寿の道」が開かれるのも夢ではないと確信しています。

本書の刊行に当たって、貴重なデータや資料、アドバイスを提供していただいた㈱フイルドサイエンスの濱野満子会長、ソマチッド実験を共に行なった波多野昇氏、監修していただいた統合医療の小島基宏先生（医学博士・こじま医院院長）に心から御礼申し上げます。

とくに小島先生は、大部分の医師が行なっている、ただ単に病気の症状を医薬品で抑え込むだけの対症療法ではなく、西洋医学と東洋医学を融合した根本治療に取り組んでおられます。

私が小島先生を紹介した方々（患者）からは、「さまざまな角度から適格なアドバイスをしてくれる、まるで現代の赤ひげ先生みたいです」「私の軍師のようなお医者さんです」などとお礼の報告をいただきました。

さらに、多くの体験例を提供していただけた方々、編集に細かく携わっていただいたコスモ21の山崎優社長に感謝いたします。

２０１９年１月

松井和義

監修者の言葉

今日の現代医療（西洋医学）の発展は、大型の解析コンピューターや検査機器のおかげもあり、日々発展し、止まることを知らない勢いです。細胞内のエクソソームの研究など〝細〟から〝微〟、すなわちミクロサイズやナノサイズの解明も現実的になりだしました。

手術機器の進歩で小手術化され、薬の開発もかなり速度が速まり、現代医療の観点においては、医療側も患者側もその恩恵を受けることができるようになっております。しかし、いかなる治療も大なり小なり何らかの副反応や副作用や犠牲を必ず強いられますので、完全な治療の域にはまだまだ到達しているとはいえません。善くも悪くも一長一短の治療しか無いのが現実です。

その最大の理由は、いまや国民病でもある癌を筆頭に、自己免疫疾患や難病指定疾患などから、果てはインフルエンザに至るまで、大局的に見れば原因不明だからです。しかも、ほとんどの疾患は現代医療との追いかけっこです。現代医学が進歩し征圧したはずの疾患が、さらに複雑化したり、若年化したり、別の事態が生じたりのくり返しのように見えます。

本書においては、現代科学としてたくさんの大学や国の機関で解明研究が進みつつある微細物質エクソソームよりも、さらに微妙で難解なソマチッドに関しての知見が紹介されております。

自然の一部である人体は知れば知るほど複雑であり、単に秀でた研究者であっても説明しきれないほど玄妙な仕組みになっております。心身ともに健康な状態を維持するために必要な現時点でのキーワードは、活性酸素対策（抗酸化力）、ミトコンドリア、各種酵素、腸内発酵（善玉菌）などですが、本書はそのどの観点からも考察・実証されており、心身の健康を得るためにたいへん有意義な名著の一つといえます。

医師・医学博士　小島　基宏

参考文献

『常識が変わる　200歳長寿!　若返り食生活法』松井和義著　コスモ21刊

『超極小知性体ソマチッドの衝撃』上部一馬著　ヒカルランド刊

『生活用品の危険度を調べました』郡司和夫著　三才ブックス刊

『腸内フローラ10の真実』NHKスペシャル取材班　主婦と生活社刊

全国主要都市で開催しているセミナー（例）

東京・大阪・名古屋・福岡・広島・札幌・金沢

健康長寿・若返りシリーズ

①病気知らずの若返り食生活（8時間）

②予防医学と自分で治すセルフ医学（8時間）

③丹田強化若返り筋力トレーニング法（3時間）

④最強の生命力をもたらす天然木「香り精油」の3大パワーで健康長寿セミナー（4時間）

⑤手作り酵素と健康食セミナー（8時間）

⑥200 歳長寿を実現する意識革命と超極小生命体ソマチッドセミナー（8時間）

右脳学習＆潜在能力開発シリーズ

①中学・高校・大学受験対策親子セミナー（4時間 30 分）

②大人のミミテック能力開発法セミナー（8時間）

③10 倍速くマスターできるミミテック英語学習法（3時間）

④夢をかなえる自己実現プログラムセミナー（3時間）

⑤究極の真我実現＆潜在能力開発法セミナー（8時間）

⑥幼児・小学低学年の母親教室セミナー（3時間）

★詳しくお知りになりたい方はお問い合わせください（☞次頁）。

【監修者プロフィール】

小島 基宏（こじまもとひろ）

医師、医学博士

【経歴】

1990年（平成2年）藤田保健衛生大学（現称 藤田医科大学）卒、同大学病院医員

1996年（平成8年）銀座医院（前銀座病院）整形外科部長兼副院長

1999年（平成11年）多摩整形外科内科院長

2009年（平成21年）小島整形外科内科院長

2015年（平成27年）（現在）こじま医院院長（東京都調布駅すぐ前）

当初から総合診療医・かかりつけ医を志し、様々な学習と経験を積み現在に至る。東洋医学と西洋医学の融合を目指している。

【診療科目】

内科、漢方内科、整形外科、ペインクリニック、リウマチ科、アレルギー科、皮膚科

【著者プロフィール】

松井和義（まついかずよし）

昭和26年愛知県生まれ。高知大学在学中より能力開発の研究を始める。

昭和62年よりトップマネージメント研究施設を開設し、経営者協会後援のもと数百社のマネージメントセミナーや人材教育を行う。

平成9年11月より本格的な脳科学の研究と「ミミテックメソッド」プロジェクトをスタートさせる。その後、実践脳科学提唱者として脳と身体の潜在能力開発法指導のセミナーを、全国の主要都市中心に年160回以上開催。さらに、長寿食・予防医学指導家として健康指導にも注力している。

現在、㈱ミミテック代表取締役。

著書として『脳を鍛える丹田音読法』『英語の偏差値がたった3カ月で30アップ』『10倍速く覚えられる新・音読学習法』『常識が変わる200歳長寿! 若返り食生活法（以上コスモ21刊）等多数。

樹齢千年の生命力「森の香り精油」の奇跡

2019年3月5日　第1刷発行

監　修――――小島基宏

著　者――――松井和義

発行人――――山崎　優

発行所――――コスモ21
〒171-0021　東京都豊島区西池袋2-39-6-8F
☎03(3988)3911
FAX03(3988)7062
URL https://www.cos21.com/

印刷・製本――中央精版印刷株式会社

定価はカバーに表示してあります。

ISBN978-4-87795-375-1 C0030